보글보글 STEAM이 넘치는

초등 과학 실험 50

보글보글 STEAM이 넘치는
초등 과학 실험 50

초판 1쇄 2021년 7월 23일

지은이 메건 올리비아 홀(Megan Olivia Hall)
옮긴이 김태완, 이미경
감 수 송해남
발행인 최홍석

발행처 (주)프리렉
출판신고 2000년 3월 7일 제 13-634호
주소 경기도 부천시 길주로 77번길 19 세진프라자 201호
전화 032-326-7282(代) **팩스** 032-326-5866
URL www.freelec.co.kr

편 집 서선영
디자인 황인옥

ISBN 978-89-6540-304-3

보글보글 STEAM이 넘치는

주방표

초등
과학 실험
50

맛있게 즐기는
교과 연계 실험

메건 올리비아 홀 지음 | 김태완, 이미경 옮김 | 송해남 감수

프리렉

이 책은 아이들이 진정한 실험의 세계에 첫발을 내딛는 관문이 될 수 있습니다. 아이들은 요리하고 과학 실험을 하면서, 맛있는 음식에서 "아하!"하는 깨달음을 얻는 아주 특별한 경험을 하게 될 것입니다. 그것도 편안한 우리 집 주방에서 정말 중요한 과학과 공학 기술을 익혀 나가면서 말이에요.

저는 이 책을 통해, 모든 어린이가 스스로 발견한 것을 하나하나 기록하는 재미에 푹 빠지고, 그들의 스팀(STEAM, 융합인재교육, 과학 Science, 기술 Technology, 공학 Engineering, 예술 Arts, 수학 Mathematics의 첫 글자를 따온 말) 지식이 일상적인 일이 되기를 바랍니다. 너무나 많은 아이가 '스팀'과 자신이 동떨어진 것으로 느낍니다. 그러나 모든 아이는 몸으로 익히는 학습을 통해 질문에 대답하고, 관찰하고, 자신이 수집한 결과물을 설명해 나갈 능력이 있습니다. 그 과정에서 어린이들은 자신을 주방의 과학자인 양 느끼며 진정한 스팀의 효과를 경험하고, 과학자 또는 공학자가 된 자신의 모습을 발견하게 됩니다.

각 실험의 첫머리에는 부모님들이 챙겨야 할 것들을 먼저 살펴볼 수 있는 주의사항이 적혀 있습니다. 야채 썰기나 오븐을 예열하는 것 같이 아이들이 하기에 너무 위험한 작업은 아이들이 주방에 들어오기 전에 미리 준비할 수 있도록 했습니다.

모든 실험에는 '좀 다르게 해볼까요!' 코너가 있습니다. 고학년 어린이를 위해 좀 더 어려운 실험들이 준비되어 있습니다. 아이가 아직 어리다면 이 고급 버전을 권할지 미리 고민해야 합니다. 실험을 시작하기 전에 부모의 감독 여부, 고글 사용 여부, 기타 안전 예방 조치가 필요한지 주의 깊게 살펴보길 바랍니다. 칼을 사용하거나 가스레인지나 오븐을 사용하는 실험은 부모의 감독이 필요하다는 것을 강조하기 위해 중간 또는 고급 실험으로 분류했습니다.

실험 중에 모르는 단어가 나오면 자녀들에게 책 뒤편에 있는 [찾아보기: 과학 용어사전]을 찾아보도록 알려주세요. 아이들이 간편하게 새로운 단어와 과학 개념을 익힐 수 있을 것입니다.

어른들의 감독이 필요 없는 실험도 많지만, 되도록 아이들과 함께 실험해 보길 바랍니다. 아이들과 같이 실험하고 함께 결과물을 먹으면서 즐거움을 느낄 수 있을 것입니다. 저는 10살 된 아들 딜런과 대부분의 실험을 함께했습니다. 4살 난 딸 로잘리아도 몇 번은 함께 했고요. 우리는 다 같이 요리하고, 우리가 해낸 것들을 이야기하고, 음식을 먹으며 즐거운 시간을 보냈습니다.

실험이 원하는 대로 되지 않는다고요? 그렇다면 여러분은 스팀을 제대로 경험하고 있는 겁니다. 과학은 질서정연하지 않으며 실수투성이입니다. 실험을 할 때 멋지게 보이거나 완벽한 결과를 그리기보다는 얼마나 재미있을지를 먼저 생각하길 바랍니다. 스팀 전문가들은 실험의 실패는 과학자의 실패가 아닌, 과학자의 승리라고 말합니다. 예기치 못한 상황에 직면해야만 새로운 발견을 할 수 있는 법이죠. 여러분의 어린 식품과학자들이 실험에서 귀여운 첫 폭발을 맞닥뜨리는 순간에 큰 소리로 응원해 주세요. 그리고 함께 즐기세요!

저는 메건 올리비아 홀 박사입니다. 편하게 메건이라고 불러도 됩니다. 저는 늘 먹는 걸 좋아했고 식성도 좋았어요. 7살 때부터 요리를 시작했는데 마카로니와 치즈버거를 요리하는 것에 가장 자신 있었습니다. 고등학생이 되어서는 가족에게 요리해주고 직접 식료품을 구입하기도 했답니다.

대학에서 생물학을 공부하기 시작하면서 제가 얼마나 과학을 좋아하는지 알게 되었습니다. 생물학이 지닌 마법에 푹 빠져 과학을 가르치게 되었고, 나아가 기술과 공학, 수학까지 관심을 갖게 되었어요. 운 좋게도 지난 20년 동안, 세인트 폴 공립학교(Saint Paul Public Schools)에서 호기심이 가득한 수천 명의 아이와 함께 작업하는 행운을 누릴 수 있었습니다. 그리고 운명의 장난처럼, 연구실에서 보낸 그 세월이 저를 훌륭한 요리사로 만들었습니다.

제가 알고 있는 주방의 과학을 여러분과 공유하게 되어 기쁩니다. 이 책에 50가지 맛있는 실험을 담았습니다. 어려운 실험도 있고 특이한 실험도 있지만, 모두 스팀과 연관되어 있어요. 50가지 실험을 하면서 즐겁게 지내길 바랍니다. 또한 여러분이 부엌에서 과학 실험을 할 때마다 스스로가 얼마나 멋진 과학자인지 깨닫게 되길 바라요.

아, 한 가지 더! 실험할 때는 사람들을 초대하세요. 친구도 좋고, 형제, 자매, 이웃 물론 부모님도 빠지면 안 되겠지요. 대부분의 실험은 함께하도록 구성되어 있고, 대부분 2~4명이 먹을 만한 음식을 만드는 실험입니다. 함께 실험하며 음식을 나눠 먹으면 친구, 가족과 함께한 이 시간이 가장 소중한 추억이 될 것입니다. 그리고 이러한 추억은 눈 내리는 날 오븐에서 바로 구워낸 쿠키처럼 여러분의 마음을 따뜻하게 해 준답니다. 50가지의 실험이 여러분의 마음을 따뜻하게 하길 진심으로 바랍니다.

저자 소개

메건 올리비아 홀 박사는 2013년 미네소타 올해의 교사이자 2015년 미네소타 우수 교사입니다. 메건은 20년 동안 과학을 가르치면서 유치원생부터 대학원생에 이르기까지 다양한 연령과 다양한 수준의 학생들과 함께 했습니다. 국가 이사회 인증 교사인 그녀는 과학부 의장으로 재직하면서 세인트 폴 공립학교(Saint Paul Public Schools)에 있는 열린 세계 학습 공동체에서 교과 과정을 개발합니다. 메건의 글은 <교육 주간(Education Week)>과 <과학 교사(The Science Teacher)>에 실렸습니다. 한편, 교육 시민권 연합의 대표 교육자 대사이기도 한 메건은 월든 대학교에서 학습, 교육 및 혁신 박사 학위를 받았습니다. 지금은 세인트 폴에서 남편과 두 아이, 그리고 고양이 두 마리와 정원에서 채소를 가꾸며 살고 있습니다.

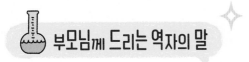

부모님께 드리는 역자의 말

미국이나 유럽에는 직접 만지고, 느끼며, 추론할 수 있는, 아이들을 위한 과학 놀이 도서가 많이 있습니다. 이 도서들은 대형 서점에서 당당히 베스트셀러 코너에 한 자리씩 차지하고 있기도 합니다.

우리나라는 뛰어난 기술 수준에 비해 상대적으로 기초과학이 떨어진다고 평가받습니다. 우리는 과거에 빠른 성장을 갈망했기 때문에 기초과학을 등한시하고, 현실적인 다른 것에 집중한 것이 어쩔 수 없는 최선의 선택이었다고 생각합니다. 그 결과, 이제 우리는 선진국의 문턱을 막 넘어섰습니다. 그리고 머지않아, 지금의 아이들이 세계의 유전공학을 주도하고 화성에 우주 기지를 만들며, 대기오염의 문제와 멸종에 처한 북극곰의 미래를 앞서 해결할 시대가 올 것이라 생각합니다. 물론 이를 지원할 국력은 자연스레 수반되겠지요. 그리고 대학의 기초과학, 공학 분야에 여성들의 진학이 눈에 띄게 증가하고 있습니다. 여성 과학자가 많아져야 과학 분야를 주도할 수 있다는 저의 신념이 이루어지고 있는 걸까요?

최근 코로나로 인한 사회적 거리두기가 시행될 뿐만 아니라, 주4일 근무제까지 거론되면서 재택근무가 대세로 자리 잡고 있습니다. 이렇게 자녀와 함께하는 시간이 갈수록 늘어나면서, 부모들에게는 자녀와 의미 있는 시간을 보낼 수 있는, 무언가 해 볼만한 것이 절실하게 필요해졌습니다.

이 책은 초등학교 고학년부터 중학교 학생들이 보기에 적당합니다. 이 책에는 다른 책과 차별화된 몇 가지 특징이 있습니다.

우선, 부모님의 역할이 굉장히 중요합니다. 아이들이 엉망진창으로 주방을 어지를 것을 걱정해서가 아닙니다. 위험천만한 불을 사용하고, 칼을 사용하는 것을 염려하는 것도 아닙니다 (이 부분은 도서를 읽다 보면, 저자가 각별히 강조하고 있음을 느낄 수 있습니다).

이 책에서 소개하는 50가지 실험들은 '완전한 음식' 레시피를 담고 있습니다. 오로지 실험 만을 위한 실험이 아니라, 부모와 아이가 함께 협업하여 과학과 예술 활동을 공유하고, 그 결과물로 훌륭한 식사와 맛있는 디저트를 만들어내는 실험입니다. 이 실험들은 여태껏 부모님들이 습관적으로 해 오던 요리의 과학적 근거를 새삼 깨닫게 해줍니다. 아이들이 없을 때도, 이 책의 요리를 따라 하면서 과학의 원리를 즐길 수 있다면 스스로 새로운 요리법을 만들어낼 수도 있습니다. 과학은 여러분에게 응용력을 선물해 줍니다. 아직 여러분의 자녀가 어리다면, 요리에 담긴 과학적인 원리를 바로 이해하기 어려울 수도 있습니다. 부모님이 먼저 실험을 충분히 숙독하고 과학적인 내용을 확인한 후, 지도자이자 협업자로서 아이들과 함께 만들어 보길 바랍니다.

원서를 번역하면서 부모님들의 과학적 설명에 도움이 될 만한 두 가지 정보를 추가했습니다.

1. 몇 개의 실험에서 '지식 모아보기' 코너를 볼 수 있습니다. 부족하나마 부모님을 위한 역자의 작은 서비스입니다. 부모님이 평소에 자주 하던 요리지만, 자세히 알 기회가 없었던 궁금한 사실들에 대해 되도록 간결하게 설명해 두었습니다.

2. 이 책의 일부 실험은 초등학교 과학 교과와 연계됩니다. 이 실험들에는 제목 아래에, 해당하는 학년과 학기, 단원과 차시를 명시했습니다. 물론 많은 실험이 초등학교 교과 내용을 넘어서 중학교 이상의 지식이 필요할 수도 있습니다.

이 책의 특징 중 하나는 50개의 실험이 융합 교육(STEAM 교육)에 맞추어져 있다는 것입니다. 최근 들어, 대학에서도 융합 교육을 실천하기 위한 학과가 신설되고, 고등학교에서는 문·이과의 구분도 사라졌습니다. 예술과 기술의 경계가 사라졌다고 감히 말하고 싶습니다. 예술적인 머리로는 수학을 잘하지 못한다고요? 미술을 잘하는 아이는 수학을 못한다고요? 그렇지 않습니다. 우리의 교육이 만들어낸 편견일 뿐입니다. 지금 우리에게 필요한 것은 이분법적인 사고가 아니라 융합 교육입니다.

이 책을 더욱 효과적으로 활용하기 위해 부모님들은 노트 한 권을 준비하길 바랍니다. 아이가 노트에 실험하면서 관찰한 내용과 실험 과정, 결과를 순서대로 기록하게 하세요. 실험한 날짜도 잊지 마시고요. 아이들이 성장한 후에도 결코 버릴 수 없는 소중한 '과학 연구 노트'가 될 것입니다.

자, 이제 아이들과 함께 최대한 요리의 과학을 만끽하길 바랍니다!

김태완, 이미경

역자 소개

김태완은 KAIST에서 초끈 이론(String Theory)으로 물리학 박사학위를 받았습니다. 세상에 대한 깊은 호기심으로 물리, 생명 그리고 포스트 휴먼에 관한 서적의 번역과 저술이 세상과 소통하는 방법이라 생각합니다. 특히 아이들의 조기 과학 교육에 관심이 많습니다. 과학적 사고는 세상을 바라보는 가장 좋은 창이라는 생각으로 과학 실험 서적 번역에 힘쓰고 있습니다.

이미경은 홍익대학교 영상대학원에서 석사학위를 받았고, KBS에서 "불타는 황룡사", "대조영" 200부작을 비롯하여 다큐멘터리, 가상 스튜디오, 역사 드라마에서 특수영상을 담당했습니다. 자연과학과 예술에 대한 타고난 관심으로 자연과학 도서 번역을 시작했으며, 사진작가로서 식물 관찰 사진에도 정성을 쏟고 있습니다.

현재 둘은 함께 사업을 하며, 과학 서적 번역에 매진하고 있습니다.

차례

과학

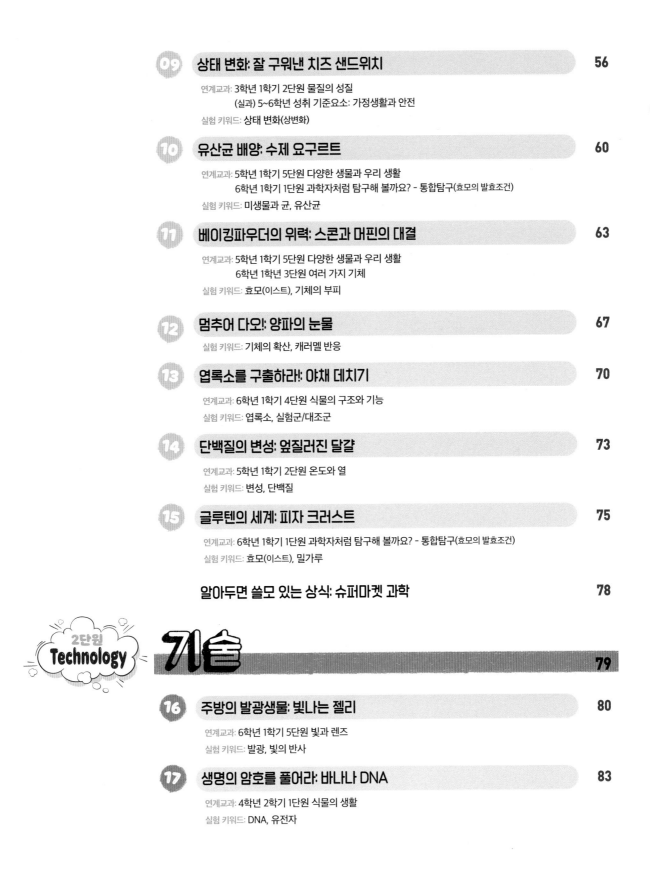

3단원
Engineering
공학

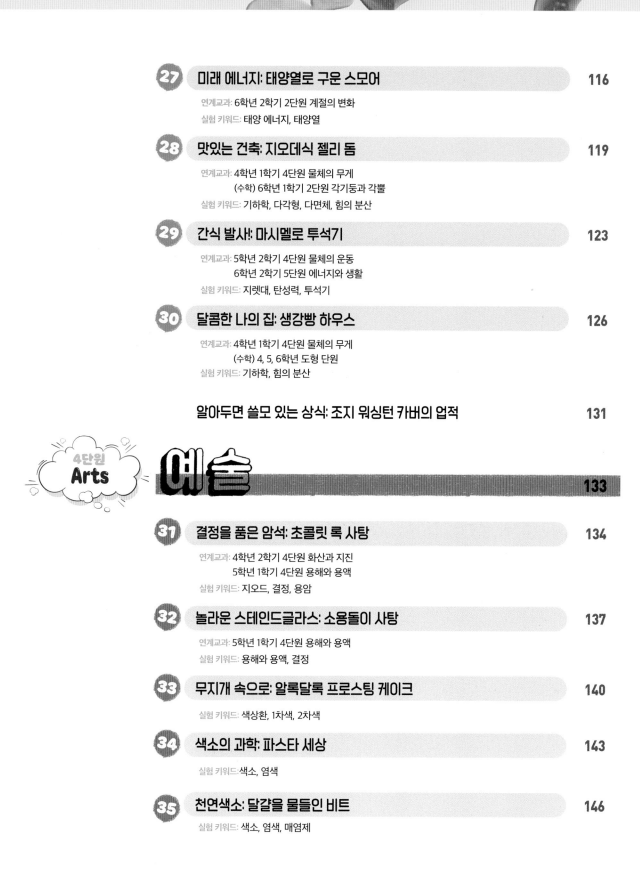

4단원
Arts

예술

    133

수학

*참고: 연계교과는 초등 과학 교과서를 기본으로 합니다. 앞에 별도의 교과목이 기재되지 않은 경우는 모두 초등 과학의 단원과 차시입니다. 다른 교과와도 연계될 수 있는 경우에는 앞에 교과목(예: 수학, 실과)을 기재해두었습니다.

이럴 땐 이 실험을 해보세요!
주제별 실험 모음

50개의 실험 중 무엇을 먼저 해야 할 지 고민하지 않아도 됩니다. 과학 원리별, 주제별로 과학 실험을 묶어 안내하고 있으니까요! 처음에는 원하는 실험 모음을 해보고, 50개의 모든 실험을 하고 나서 자기만의 개성 있는 주제로 실험 모음을 만들어도 재미있겠죠?

***

함께 시작해 볼까요!

우리가 질문하고, 이에 대한 답을 찾는 과정에서 자연계를 이해하는 것이 바로 과학입니다. 그리고 음식은 이러한 질문들을 파고들며, 우리가 스팀(STEAM)이라고 부르는 과학, 기술, 공학, 예술, 수학을 탐구할 수 있는 환상적인 (그리고 맛있는) 방법입니다. 과학의 각 분야는 우리가 음식을 어떻게 요리해야 하는지, 맛은 어떤지, 심지어 어떻게 이 음식이 만들어지는지 설명해 줍니다. 예를 들어, 우주의 모든 물질을 연구하는 화학은 달걀이나 밀가루와 같이 서로 다른 물질들을 가열하거나 냉각시켰을 때 혹은 다른 물질과 결합했을 때 어떻게 변하는지 설명헤 줍니다. 지구과학은 소금과 같은 지구의 광물질과 음식을 부풀게 하거나 가라앉게 만드는 대기 속 기체를 설명해 줍니다. 이러한 예는 우리가 스팀을 통해 음식의 세계를 탐색하고 이해하는 데 도움이 되는 작은 사례에 불과합니다.

오늘날 요리사들이 멋지게 창조해 내는 음식은 순전히 기술의 발전 덕택입니다. 머랭 쿠키의 달걀 거품을 풍성하게 유지하는 방법을 알아낸 것도 공학자들이 과학적 지식과 기술이 집약된 도구를 사용한 결과입니다. 요리사는 과자로 된 과자집을 만들기 위해, 우선 튼튼한 건축 구조를 설계하고, 그 위에 자신의 예술적인 감각을 발휘하여 장식합니다.

과학자와 기술자, 공학자들은 매일 사용하는 수학을 이용해 엄청난 데이터를 처리하며, 예술은 문명에 아름다움과 의미를 가져다줍니다. 수학과 예술이 아니었다면 우리 세상은 어떠한 변화도 일어나지 않는 재미없는 곳이 되지 않았을까요?

이 책에서 여러분은 음식 과학을 배우게 됩니다. 요리와 제빵 속에는 온갖 과학이 숨어 있습니다. 직접 관찰하고 질문을 던져 보세요. 실험을 하기 전에 결과가 어떻게 될지 먼저 추측해 보고, 실제로 어떤 일이 벌어지는지 그 결과를 확인해 보세요. 물론 그중 가장 신나는 일은, 실험이 끝날 때마다 여러분이 직접 만든 맛있는 음식을 먹게 된다는 것이지요!

과학적 방법이란?

과학자들은 세심한 연구를 통해서 우리가 관찰하는 모든 것을 이해할 수 있다고 믿습니다. 오늘날 스팀 전문가들이 사용하는 과학적 방법은 1,100년대부터 수많은 과학자에 의해 개발된 것입니다. 그리고 우리는 바로 이 방법을 실험에 사용할 것입니다.
과학적 방법은 다음의 단계들을 말합니다.

1 과학자들은 관찰합니다.

예상하지 못한 것이나 신기한 것들을 관찰합니다. 우리는 이상한 현상들을 관찰하면서 세상이 돌아가는 이치에 의문을 품게 됩니다.

2 과학자들은 질문합니다.

'과학적 질문'이란 직접적이고 구체적이며, 답이 있는 것들을 말합니다. 예를 들어, "이스트(효모)의 어떤 성분이 빵 반죽을 부풀게 만드나요?" 같은 질문입니다.

3 과학자들은 사전 조사를 합니다.

만약 과학적 질문이 이미 누군가 연구한 것이라면, 좋은 과학자들은 이전 연구 성과로부터 가능한 한 많은 것을 배우려고 노력합니다.

4 과학자들은 자신이 던진 질문에 대해서 근거 있는 해답을 추측합니다.

과학적 질문에 대한 답을 예측하는 것을 '가설'이라고 합니다.

5 과학자들은 가설이 맞는지 확인하기 위해 실험을 설계합니다.

한 가지 아이디어에 초점을 맞추는 것이 좋은 과학 실험입니다. 과학자들은 다른 연구자들이 실패한 지점을 찾아내어, 그것을 토대로 하여 실험을 설계하는 경우가 많습니다.

6 과학자들은 자신의 실험 결과를 분석합니다.

과학자들은 실험을 마친 후에 결과를 잘 정리하여, 이해할 수 있는 규칙을 찾아내야 합니다. 보통, 분석에는 수학을 사용합니다. 결과를 분석하면 일반적으로 가설이 맞았는지 틀렸는지 즉, 거짓인지 참인지 알 수 있습니다. 과학자들이 자신의 결과를 분석할 때는 오로지 사실 만을 사용하는 것이 가장 중요합니다. 비록 결과가 기대와 전혀 다른 것을 보여주더라도 말입니다. 과학에서 정직함은 정답을 맞히는 것보다 더 중요합니다. 때론 예상치 못한 발견이 과학으로 세상을 규명하는 데 오히려 도움이 되는 경우가 있습니다.

이 책에 있는 모든 실험에서 여러분은 이와 같은 과학적 방법을 따르게 됩니다. 각각의 실험들 속에는 가설, 관측, 결과를 적는 빈칸들이 있습니다. 다시 실험할 경우를 대비해서 연필로 적는 것도 좋겠지요. 지워서 다시 쓸 수 있으니까요.

주방은 실험실이다

영화에 나오는 과학 실험실은 항상 흰색 가운을 입은 사람들로 가득하고, 광택이 나는 금속으로 번쩍입니다. 하지만 그 안을 들여다보면 실험실과 우리의 주방은 똑 닮아 있습니다. 주방은 과학적인 질문에 대한 해답을 찾는 데 필요한 기술, 도구, 장비, 재료들로 가득 찬 실험실이며, 요리법(레시피)은 과학 실험과 똑 닮았습니다. 요리법도 실험도 도구가 필요합니다. 이 책에서 사용되는 도구들은 다음과 같습니다.

● **주방기구**

➡ 냄비와 팬: 실험에서 재료를 데우거나 식히기 위해 여러 가지 냄비와 팬이 필요합니다.

➡ 인스턴트팟: 인스턴트팟*이 있다면 1단원의 '10. 유산균 배양: 수제 요구르트' 실험에서 사용할 수 있습니다. 인스턴트팟은 반드시 어른의 감독하에 작동해야 합니다.

➡ 가스레인지와 오븐: 재료를 가열해야 하는 실험에 필요합니다. 가스레인지나 오븐과 관련된 실험은 항상 어른의 감독을 받도록 하세요.

➡ 믹서기: 고체 재료를 잘게 다지는 데 믹서기보다 빠른 방법은 없습니다.

➡ 실리콘 몰드: 암석이 만들어지는 과정을 실험하는 사탕 요리처럼, 실리콘 몰드를 이용해 다양한 모양의 음식을 만들 수 있습니다.

● 과학 실험 도구

➡ 계량컵과 계량스푼: 액체나 가루로 된 재료의 분량을 재기 위해 계량컵과 계량스푼이 필요합니다. 계량컵 세트에는 1컵, ½컵, ⅓컵, ¼컵이 있어야 하고, 계량스푼 세트에는 1큰술, 1작은술, ½작은술, ¼작은술, ⅛작은술이 있는 것이 좋습니다.

➡ 용기: 그릇, 항아리, 병, 컵, 접시, 상자, 모양틀, 꽃병이 모두 우리의 실험에 사용됩니다.

➡ 저을 도구: 숟가락, 포크, 반죽기, 거품기, 주걱, 그리고 여러분의 손도 사용할 거예요(주방에선 손을 깨끗하게 유지하는 것을 잊지 마세요)!

➡ 자르는 도구: 여기에는 날카로운 칼, 둔한 칼, 쿠키 칼 등이 있습니다. 날카로운 도구가 사용되는 실험은 항상 어른과 함께하세요.

➡ 덮개: 실험할 때, 위 또는 아래를 보호하거나 밀폐 또는 내열할 뚜껑이 필요할 때가 있습니다. 알루미늄포일, 랩, 종이포일은 주방 실험실의 필수 도구입니다.

➡ 성냥: 주방 실험실에서 불을 다룰 때는 반드시 어른이 있어야 합니다.

➡ 자외선 조명(UV 블랙라이트): 자외선 조명은 생물 발광 물질을 비추는 데 필요합니다. 광원은 항상 눈에서 멀리 있어야 합니다.

➡ 여과기: 여과기는 고체와 액체를 분리하고, 상변화(고체에서 액체, 액체에서 고체로) 실험에서도 필요합니다.

***인스턴트팟:** 우리나라의 자동압력밥솥과 비슷한 원리의 캐나다 제품입니다. 인스턴트팟이 없다면 압력밥솥의 보온 기능을 사용해도 됩니다.

- pH 시험지: pH 지시약으로 산성과 염기성을 구별할 수 있습니다. 작은 종이 끈 한 묶음이면 됩니다.

- 탐침 온도계 (또는 바비큐 온도계): 탄산음료 캔이나 냄비 한쪽에 넣어 걸어둘 수 있는 길고 얇은 온도계입니다.

- 일반 온도계: 아이스크림을 만들 때 얼음의 온도를 측정하기 위해 필요합니다.

실험실에서의 유의사항

주방 실험실은 여느 실험실과 똑같습니다. 약간은 들떠 있고, 정신없고, 위험할 수도 있습니다. 이 책의 모든 실험에선 먹을 수 있는 음식을 다루므로 장갑을 끼지 않고 만져도 안전하지만(뜨거운 것을 만질 때는 꼭 오븐 장갑을 껴야겠죠?), 반드시 손을 청결하게 유지해야 합니다. 실험을 시작하기 전에 항상 뜨거운 물과 비누로 손등과 손바닥을 깨끗하게 씻어 주세요. 생일 축하 노래를 두 번 부르는 시간 동안, 엄지손가락까지 꼼꼼하게 씻어야 합니다! 이 책과 휴대폰은 물론, 주방에 원래 있던 것이 아닌 걸 만졌다면 손을 다시 씻어야 합니다. 열을 다루거나, 날카로운 도구, 이소프로필알코올과 같은 살균제를 사용하는 실험은 반드시 보호자가 감독해야 합니다. 가스레인지나 오븐을 사용할 때는 특히 조심하세요. 보호자도 뜨거운 것을 다룰 때는 오븐 장갑을 껴야 합니다. 유리나 뜨거운 것, 날카로운 도구, 화학물질을 다룰 때는 눈을 보호하기 위해 보호자와 어린이 모두 고글을 착용해야 합니다.

이 책의 사용법

이 책의 실험들은 스팀(STEAM)의 주제, 즉 과학(S), 기술(T), 공학(E), 예술(A), 수학(M)에 기반을 두고 있습니다. 각 단원은 스팀 과목의 특징과 음식 과학에 관련된 이야깃거리로 시작해서, 재미와 먹는 즐거움까지 주는 여러 실험으로 이어집니다.

이 책에 나온 실험의 순서를 그대로 따르지 않아도 괜찮습니다. 스팀의 과목과 실험을 자유롭게 골라 보세요. 여러분이 책을 이리저리 건너뛰면서 읽다가 모르는 단어가 보이면 [찾아보기: 과학 용어사전]부터 확인하길 바랍니다. [찾아보기: 과학 용어사전]에 많은 과학 용어를 정의해 두었습니다.

가장 중요한 것 하나만 기억하세요! 바로 여러분 자신이 관심 있는 실험을 하는 것입니다. 스팀의 과목 중 하나로 선택하든지, 먹고 싶은 음식으로 선택하든지, 재미있어 보이는 실험으로 선택하든지 여러분이 하고 싶은 실험을 선택하세요!

실험에 들어가기 전에

이 책의 실험은 공통된 형식을 갖고 있습니다. 여기서는 실험을 읽는 방법과 여러분(여기서는 실험의 주체인 아이들을 의미함)이 실험을 선택할 때 고려해야 할 정보를 찾는 방법을 이야기하려고 합니다.

각 실험에는 난이도가 있습니다. '쉬움' 단계는 여러분이 혼자서 할 수 있는 실험들입니다. 하지만 어른들이 도구와 재료를 준비해야 할 수도 있습니다. '보통' 단계 역시 대부분 혼자서 할 수 있는 실험이지만 어른의 감독이 필요한 실험입니다. '어려움' 단계는 어른의 도움이 반드시 필요한 실험입니다.

각 실험의 '엉망진창 등급'도 확인할 수 있습니다. '적음' 단계는 접시들과 조리대가 지저분해지는 정도입니다. '보통' 단계는 이상한 냄새, 긁어내야 하는 물질들, 또는 며칠 동안 흔적이 남는 재료를 사용하는 실험들입니다.

'언제 먹으면 좋을까요?'란 실험한 음식이 가장 잘 어울리는 식사 끼니를 말합니다. 아침, 점심, 저녁, 간식으로 표시됩니다.

또한 실험을 수행하기 전에 필요한 준비 시간과 전체 실험 시간도 알 수 있습니다.

'결과물'은 여러분이 실험으로 만들게 될 음식은 무엇인지, 분량은 어느 정도인지 알려줍니다.

각 실험의 '?'에는 여러분이 풀어야 할 대표 문제가 있습니다. 가설을 쓰기 전에, 질문을 읽고 잠시 생각할 시간을 가져 보세요.

도구들과 식재료 부분은 특별히 주의를 기울여야 합니다. 시작하기 전에 필요한 것들을 빠짐없이 준비하도록 합니다.

'!'(주의)에는 각 실험의 경고 사항이 명확하게 적혀 있습니다. 어른들의 감독이나 고글 착용과 같은 안전 정보를 꼭 확인해 주세요.

각 실험에는 실험하면서 메모할 수 있는 칸들이 있습니다. 다음의 사항을 기록해 주세요.

➡ **가설:** 이곳에는 과학적 질문에 대한 답을 예측하여 기록합니다.

➡ **관찰:** 실험하면서 관찰한 것들을 기록합니다.

➡ **결과:** 실험의 최종 결과물로서 지금까지의 질문에 대한 답을 기록합니다.

실험 순서에는 실험을 수행하기 위한 단계들이 설명되어 있습니다. 실험 순서가 끝나면 '왜 그럴까요?' 코너에서 실험 뒤에 숨겨진 과학을 이해할 수 있습니다. 그다음 'STEAM 연결고리'에서는 실험에 어떤 스팀의 원리가 사용되었는지 확인할 수 있습니다. 마지막으로, '좀 다르게 해볼까요!'에서는 더 도전할 준비가 된 어린이 과학자들을 위해 실험을 더 발전시킬 방법들이 나와 있습니다. 여러분이 계획한 대로 실험이 진행되지 않아도 괜찮습니다! 실패한 실험도 교육의 일부이며, 때로는 흥미진진한 새로운 놀라움으로 이어지기도 한답니다. 맛있는 실험의 즐거움을 만끽하세요! 음식을 만드는 주방 과학! 바로 여러분의 세상입니다.

 참고사항

실험에 사용되는 식재료를 보면 육두구(열대과일이자 향신료), 딜(허브 종류), 시나몬같이 평소에 흔히 사용하지 않는 음식이나 향료가 있습니다. 이것들은 실험에 없어서는 안 될 중요한 재료는 아니기 때문에 없어도 큰 문제는 없습니다. 그중 실험에 비교적 자주 등장하는 시나몬은 우리가 쉽게 구할 수 있는 계피와 엄밀하게는 다른 식물이지만, 시나몬 대신 계피를 사용해도 큰 문제는 없습니다.

1단원 Science

과학

자, 과학부터 시작해 볼까요!

이제부터 우리는 음식 과학 수수께끼들을 탐구함으로써 요리 속에 숨겨진 과학 원리를 발견하게 될 것입니다. 과학은 탐정과 같습니다. 물음표가 달린 의문을 품고 답을 추적해 나갑니다. 이번 단원에서 소개하는 15가지의 실험 하나하나에서, 우리는 독특하고도 풍부한 음식의 맛을 음미하고, 그 과학적 원리를 추적합니다.

우리는 음료수 안에 든 탄산 거품을 살펴보는 실험과, 반죽을 부풀게 만드는 실험을 통해 거품에 대해서 연구합니다. 버터와 샐러드 드레싱을 만드는 실험에서는 혼합물을 한데 섞거나 따로 분리하는 방법을 배우게 됩니다. 또한, 여러분은 흘러내리는 액체 상태의 달걀이 익어서 고체가 되고, 샌드위치 속 치즈가 녹아서 쫀득하게 변하는 걸 보면서 물리적 변화를 이해하게 될 것입니다. 이외에도 음식을 양초처럼 태우는 실험도 있습니다. 예비 과학자인 여러분이 달달한 간식에 관심이 있다면 좋아할 만한 딸기잼과 갖가지 말린 과일들, 스콘, 머핀을 사용하는 실험도 있습니다. 이 단원의 마지막 실험에서 여러분은 직접 만든 피자로 가족들을 놀라게 하고, 가족들이 피자를 먹는 동안 글루텐의 원리에 대해서 자신만만하게 설명할 수 있게 될 거예요.

실험 중에는 특별히 주의를 기울여 관찰하고 가설을 메모하고, 실험 결과를 분석해야 합니다. 이렇게 과학자처럼 생각하는 연습을 할 때마다 여러분의 과학 능력은 성장합니다.

모두 준비됐나요? 그럼 주방 실험실로 출발합시다!

기포를 찾아라!: 탄산 레모네이드

5학년 2학기 5단원 산과 염기
6학년 1학기 3단원 여러 가지 기체

실험 키워드: 탄산, 산과 염기

어린이 혼자 하면 위험해요.
어른과 함께 실험해 보아요!

⭐ 난이도: 쉬움   🕐 준비 시간: 없음

👍 엉망진창 등급: 적음   ⏳ 실험 시간: 10분

🍩 언제 먹으면 좋을까요?: 간식으로   👑 결과물: 레모네이드 2잔

음료수 안에서 뽀글거리는 기포를 본 적이 있나요? 바로, 그 거품을 '탄산'이라고 합니다. 이 실험에서는 베이킹소다와 드라이아이스를 이용하여 레모네이드 음료에 탄산을 추가합니다. 과연 베이킹소다와 드라이아이스가 레모네이드의 탄산 거품을 더 풍성하게 만들 수 있을까요?

(경고) 드라이아이스는 절대 맨손으로 만지면 안 됩니다. 자칫하면 동상을 입을 수 있어요. 드라이아이스를 다룰 때는 반드시 오븐 장갑이나 길다란 스푼을 사용하세요. 반드시 어른들이 다루어야 합니다.

필요한 도구

➡ 투명한 유리컵 3개

➡ 계량스푼

➡ 드라이아이스 몇 조각(아이스크림케이크를 구입할 때 함께 동봉되어 오는 드라이아이스를 사용하거나, 따로 온라인에서 주문할 수도 있어요)

식재료

➡ 레모네이드 음료 1병

➡ 베이킹소다 1작은술

➡ 물 1작은술

실험순서

● 순수한 레모네이드

1 첫 번째 유리컵에 레모네이드를 붓습니다.

2 레모네이드 맛을 보고 기록합니다.

베이킹소다와 드라이아이스 중 어느 쪽이 더 맛있는 탄산 레모네이드를 만들지 예측해 보세요.

● 레모네이드와 베이킹소다

1 두 번째 유리컵에 레모네이드를 붓습니다.

2 베이킹소다 1작은술을 넣고 저어 줍니다.

3 레모네이드 맛을 보고 기록합니다.

● 레모네이드와 드라이아이스

1 👩 **보호자** 드라이아이스 3~5조각을 세 번째 유리컵에 넣습니다. 물 1작은술을 위에 붓고, 드라이아이스가 유리컵 아래로 가라앉는지 확인합니다.

2 레모네이드 1컵을 붓습니다.

3 아직도 드라이아이스의 연기와 기포가 뽀글거리나요? 빨대 또는 스푼으로 세 번째 유리컵에서 레모네이드 한 스푼을 떠서 맛을 보고 기록합니다. 연기가 사라질 때까지 잠시 기다렸다가 맛을 보아도 괜찮습니다.

4 레모네이드 세 컵의 맛과 탄산 거품을 비교하여 어느 쪽이 더 맛있고, 거품이 풍성한지 실험 결과를 기록합니다.

🔍 관찰

세 컵의 레모네이드의 맛과 거품에서 어떤 점이 가장 눈에 띄나요?

☑ 왜 그럴까요?

레모네이드의 뽀글거리는 탄산 거품은 이산화탄소라는 기체입니다.
산성인 레모네이드에 염기성인 베이킹소다를 넣으면 화학 변화가 일어나 이산화탄소 거품을 만들어냅니다. 그러나 이렇게 화학 변화를 일으킨 레모네이드는 원래의 맛을 잃어버리게 됩니다.
한편, 레모네이드에 얼린 이산화탄소인 드라이아이스를 넣으면 물리적 변화가 일어납니다. 고체 상태였던 이산화탄소는 열을 받아, 기체인 이산화탄소 기포로 변하게 됩니다. 그런데 이때, 레모네이드는 산성을 그대로 유지하면서 맛은 더 좋아진답니다!

📋 결과

각각의 레모네이드 맛과 거품을 비교하세요.

_____

_____

_____

_____

_____

STEAM 연결고리

■ 과학자들은 물질이 고체에서 액체로, 고체에서 기체로, 액체에서 기체로 또는 반대 방향으로 변하는 상태 변화를 탐구하기 위해 화학 및 물리학을 연구합니다. 드라이아이스를 만들려면, 매우 낮은 온도에서 이산화탄소 가스를 얼리는 기술이 필요합니다.

➕ 좀 다르게 해볼까요?

팝핑캔디('와다닥'이나 '팝록스' 같은 사탕)는 사탕 안에 갇혀 있던 이산화탄소 기포가 입 안에서 방출되는 것입니다. 팝핑캔디 한 봉지에는 탄산음료의 약 1/10만큼의 기포가 들어 있습니다.
이 팝핑캔디를 레모네이드가 든 컵에 넣고 저어 보세요. 거품이 많아지나요?

02 효모의 활약: 크루아상

 필요한 도구

- 2컵 분량의 내열 계량컵
- 계량컵, 계량스푼 여러 개
- 전자레인지
- 큰 스푼이나 주걱
- 내열 머그컵
- 믹싱볼 2개
- 혼합, 반죽 기능이 있는 스탠드믹서(선택사항)
- 포크
- 투명비닐 랩
- 도마 또는 깨끗한 조리대
- 자
- 밀대
- 식탁용 나이프
- 쿠키 철판
- 종이포일
- 오븐
- 오븐 장갑

어린이 혼자 하면 위험해요.

어른과 함께 실험해 보아요!

- ☆ 난이도: 어려움
- 엉망진창 등급: 보통
- 언제 먹으면 좋을까요?: 점심이나 저녁 식사로
- 준비 시간: 식재료 준비 10분

- 실험 시간: 빵 반죽 만들기 1시간, 빵 반죽 부풀리기 2시간~하룻밤, 롤 모양 만들기 30분, 다시 빵 반죽 부풀리기 2시간~하룻밤, 굽기 15분
- 결과물: 크루아상 12개

제빵사들은 빵을 만들 때 효모(이스트)라는 미생물의 도움을 받습니다. 우리는 이 실험에서 효모가 빵 반죽을 얼마나 크게 부풀어 오르게 하는지 측정해 볼 거예요. 그런데, 왜 효모는 반죽을 부풀게 만들까요?

 지식 모아보기

제빵에 사용하는 이스트는 3종류로 구분됩니다. 바로 생이스트, 활성 드라이이스트, 인스턴트 드라이이스트입니다.

생이스트는 말 그대로 효모를 배양한 뒤에 효모만 추출해 낸 것이고, 나머지 둘은 수분을 제거해서 보관성을 높인 것입니다. 활성 드라이이스트는 생이스트의 10% 정도의 수분 만을 남기고 건조시킨 것이고, 인스턴트 드라이이스트는 과립 상태입니다. 이스트는 종류에 따라 사용량이 다르고 사용 방법도 다릅니다. 활성 드라이이스트는 따뜻한 물에 녹여 10분 정도 활성화시켜야 하지만, '즉시'라는 의미를 가진 인스턴트 이스트는 바로 밀가루와 섞어서 사용할 수 있어요. 활성 이스트의 사용량은 생이스트의 반 정도, 인스턴트 이스트는 30% 정도입니다.

경고 오븐을 사용할 때는 어른의 관리감독이 필요합니다. 또한, 전기 스탠드믹서를 사용한다면 어른의 감독하에 사용해야 합니다.

식재료

- 우유 1컵
- 활성 드라이이스트(건조 효모) 2¼작은술
- 무염버터 5큰술
- 강력밀가루(강력분) 3컵 + 반죽을 굴릴 때 사용할 여분의 ¼컵
- 소금 1작은술
- 설탕 ¼컵
- 달걀 1개
- 오일 1작은술

실험순서

● 반죽하기

1 2컵 분량의 내열 계량컵에 우유 1컵을 붓습니다. 전자레인지에 1분 돌려, 우유가 너무 뜨겁지 않을 정도로만 데웁니다.

2 따뜻한 우유에 활성 드라이이스트 2¼작은술을 넣고, 잘 저어서 한쪽에 놓아둡니다. (우유 표면에 거품이 생기기 시작하면 이스트가 일을 시작했다는 것을 의미합니다!)

3 다른 내열 머그컵에 버터 4큰술을 넣고, 전자레인지에 30초 정도 돌려 녹여 줍니다.

4 첫 번째 믹싱볼에 밀가루 3컵, 소금 1작은술, 설탕 ¼컵을 넣고, 스탠드믹서의 혼합 모드를 작동하여 섞거나, 주걱으로 잘 섞일 때까지 저어 줍니다.

5 이스트를 넣은 우유(2단계에서 한쪽에 둔 우유)와, 녹인 버터(3단계에서 전자레인지에 녹인 버터)를 밀가루 혼합물이 든 믹싱볼(4단계 믹싱볼)에 넣습니다.

6 남은 내열 머그컵에 달걀을 풉니다. 포크로 노른자를 깨서 휘저은 다음 믹싱볼(4단계 믹싱볼)에 넣습니다.

7 주걱 또는 스탠드믹서(혼합 모드)로 밀가루, 이스트, 버터, 달걀이 든 혼합물을 서로 뭉쳐질 때까지 저어 줍니다.

8 스탠드믹서(반죽 모드)로 6분 정도 반죽하거나 밀가루를 바른 도마나 조리대 위에서 8분간 더 반죽합니다. 반죽을 둥글게 뭉칩니다.

9 자로 반죽의 높이를 측정하여 기록합니다.

● 반죽 부풀리기

1 두 번째 믹싱볼에 오일 1작은술을 따른 후, 볼 내부에 고르게 펴 바릅니다.

가설

빵 반죽이 몇 cm나 부풀어 오
를지 예측해 보세요.

관찰

반죽이 부풀어 오르는 과정을
지켜보세요.

결과

여러분이 처음 예측한 크기만
큼 효모(이스트)가 반죽을 부풀
게 했나요?

2 오일을 바른 믹싱볼에 반죽을 넣고 투명비닐랩으로 볼을 감싸줍니다. 반죽을
실온에서는 2시간, 냉장고에는 하룻밤 놓아둡니다.

3 자로 반죽의 높이를 측정하여 기록합니다

● 크루아상 모양 만들기

1 밀가루가 뿌려진 도마나 조리대 위에 부풀어 오른 반죽을 올려놓고 밀대를
굴려서 반죽의 두께가 6~12mm인 납작한 원판 모양을 만듭니다.

2 원판이 된 반죽에 식탁용 나이프로 버터 1큰술을 골고루 펴 바릅니다. 이때,
버터는 실온에 둔 것을 사용합니다.

3 식탁용 나이프로 반죽을 피자 조각처럼 12개의 부채꼴 모양으로 나누어 자릅
니다.

4 각각의 반죽 조각을 돌돌 말아서 크루아상(프랑스어로 '초승달'이라는 뜻입니다.
빵 모양이 초승달을 닮아서 붙여진 이름입니다. - 역자주) 모양으로 만듭니다. 넓은
쪽에서부터 말아 줍니다.

● 크루아상을 부풀린 후, 구워서 완성하기

1 종이포일을 쿠키 철판 위에 덮습니다.

2 종이포일 위에 돌돌 만 크루아상 롤을 놓고, 그 위에 투명 비닐랩을 느슨하게
덮어 줍니다. 크루아상 롤이 처음보다 두 배 정도 부풀어 오를 때까지(약 2시
간) 조리대에 놓아둡니다.

3 오븐을 200도로 예열합니다. 크루아상이 담긴 쿠키 철판을 오븐에 넣고, 크
루아상 롤이 황갈색으로 변하고 윗면이 살짝 굳을 때까지 12~15분 정도 구워
줍니다. 오븐에서 팬을 꺼낼 때는 반드시 오븐 장갑을 사용하세요.

잠깐 식힌 후 맛있게 즐깁니다!

☑ 왜 그럴까요?

효모는 살아 있는 생물입니다. 잠자는 효모를 깨워 활성화시키기 위해서는 약
간의 당(설탕)이 필요합니다. 또한 효모도 사람처럼 산소를 들이마시고 이산화
탄소를 내뿜는데, 바로 이 이산화탄소 거품이 반죽을 부풀게 만드는 것입니다.

지식 모아보기

효모는 산소가 있으나 없으나 잘 자랍니다. 그런데, 산소가 없는 상태라면 효모는 이산화탄소를 내뿜고, 에탄올을 만드는 성질이 있어요. 우리가 사용하는 밀가루 중 강력밀가루(강력분)는 아주 찰기가 있습니다. 여기에 갇힌 효모는 산소 없이, 우유와 설탕의 당분을 분해해서 이산화탄소와 에탄올을 만들어 낸답니다. 이를 '알코올발효'라고 하지요. 강력밀가루의 찰기 때문에 이산화탄소가 빠져나가지 못하므로 빵은 부풀어 오릅니다. 그리고 에탄올은 빵이 구워질 때, 증발해 버립니다. 혹시 빵을 굽기 전에 반죽에서 술 냄새가 나는 것을 눈치챘나요? 한번 확인해 보세요.

STEAM 연결고리

- 수천 년 전부터 현재에 이르기까지 미생물학자들이 만들어낸 효모 반죽은 셀 수 없을 정도로 다양합니다. 이렇게 수많은 종류의 효모는 제각기 다른 빵의 풍미를 만들어냅니다.

➕ 좀 다르게 해볼까요?

효모는 당분을 좋아합니다. 이 실험에서 효모를 활성화하기 위해 사용했던 따뜻한 우유에 설탕을 더 넣는다면 빵 반죽이 달라질까요?

03 달콤한 과학: 천연 딸기잼

어린이 혼자 하면 위험해요.
어른과 함께 실험해 보아요!

⭐ 난이도: 보통

👍 엉망진창 등급: 적음

◎ 언제 먹으면 좋을까요?:
아침 식사 또는 간식으로

🕐 준비 시간: 딸기 잎과 줄기를
다듬는 10분 정도의 시간

⌛ 실험 시간: 약 1시간

👑 결과물: 딸기잼 1리터

 필요한 도구

➡ 뚜껑 있는 큰 냄비 1개

➡ 계량컵

➡ 감자 매셔/다지기
(삶은 감자를 으깨는 기구)

➡ 주걱

➡ 가스레인지

➡ 오븐 장갑

➡ 뚜껑이 있는 1리터 보관 용기

❓ 식품과학자들은 잼이나 젤리의 식감을 좋게 만들기 위해 농화제(걸쭉하게 만드는 성분, 승점제 혹은 농후제라고도 해요)라 불리는 화학물질을 사용합니다. 그럼 순수 천연 딸기잼을 만들 수 있는 딸기 안에는 충분한 농화제가 들어 있을까요?

 식재료

➡ 1리터 용기 혹은 컵에 가득 찰 만큼의 딸기

➡ 설탕 3컵

(경고) 가스레인지나 위에서 요리할 때는 어른의 감독이 필요합니다. 꼭 오븐 장갑을 끼도록 하고, 기름과 건더기가 튀지 않도록 조심히 실험해요. 관찰할 때는 뜨거운 냄비에 너무 가까이 가지 말고, 냄비 위로 몸을 기울이지 마세요.

🧪 실험순서

1 1리터 분량의 딸기에서 줄기와 잎을 제거하고, 큰 냄비에 넣습니다.

2 냄비에 든 딸기를 감자 매셔로 으깹니다. 맛있는 냄새가 나지요?

3 냄비에 설탕 3컵을 붓고, 주걱으로 잘 저어서 녹여줍니다.

가설

여러분이 만드는 천연 딸기잼이 과연 사 먹는 잼처럼 쫀득해질 수 있을지 예측해 보세요.

관찰

잼이 만들어지는 동안 어떤 변화가 생겼나요?

결과

잼이 충분히 걸쭉해졌나요?

4 냄비를 가스레인지에 올려 불을 켜고, 2분 간격으로 한 번씩 저어 줍니다. 거품이 나면서 끓기 시작하나요?

5 끓기 시작하면 1분 간격으로 저어 줍니다. 15~25분이 지나면 냄비에 있던 딸기물이 졸아들어, 주걱으로 떴을 때 아래로 흘러내리지 않는 상태가 됩니다. 만약, 이렇게 걸쭉해지지 않더라도 끓이는 시간은 최대 30분이어야 합니다.

6 불을 끄고, 뚜껑을 덮은 상태로 10분 정도 식힙니다. 잼이 식을 동안 관찰 결과를 기록합니다.

7 **(어른이 지켜보는 곳에서)** 뜨거운 잼을 보관 용기에 조심스럽게 붓고, 뚜껑을 닫습니다.

8 잼을 하룻밤 동안 냉장고에 넣어둡니다.

9 결과를 기록하세요.

딸기에는 '펙틴'이라는 천연 농화제가 많이 들어 있습니다. 펙틴이 젤 같은 쫀득한 식감을 내기 위해서는 (딸기 안에 있는) 산과, 여러분이 실험에서 넣은 설탕이 필요합니다. 딸기에는 이미 충분한 펙틴이 있기 때문에 따로 농화제를 넣지 않아도 되는 것입니다.

STEAM 연결고리

- 기업 연구소에서 새로운 식료품을 만드는 식품과학자들은, 요구르트나 초코우유와 같은 여러 음식에 농화제를 사용합니다. 농화제의 천연 성분은 밀가루, 옥수수 녹말, 칡, 타피오카에 들어 있습니다.

좀 다르게 해볼까요?

모과, 자두, 구스베리, 배, 사과와 같이 펙틴이 풍부한 과일들로 잼을 만들어
보세요. 또한 펙틴이 많이 든 오렌지는 마멀레이드(감귤류의 과실을 원료로 하는
잼)를 만드는 데 아주 좋습니다.

04 흔들어 주세요!: 버터 만들기

 4학년 1학기 5단원 혼합물의 분리

 실험 키워드: 혼합물, 버터

 필요한 도구

- 계량컵
- 밀폐 뚜껑이 있는 투명 플라스틱병
- 유리구슬 3개
- 거름망(체)
- 스푼

- ★ 난이도: 쉬움
- 👍 엉망진창 등급: 적음
- ◎ 언제 먹으면 좋을까요?: 점심 또는 저녁 식사로
- ⏱ 준비 시간: 없음
- ⏳ 실험 시간: 버터 만들기 15분, 맛보기 10분
- 👑 결과물: 버터 2큰술

? 버터는 생크림에 섞여 있는 버터(지방)와 버터우유(액체)를 분리해서 만듭니다. 크림 중에 버터와 버터우유의 양은 각각 얼마일까요?

 지식 모아보기

생크림은 우유에서 비중이 적은 지방 성분을 분리해 내어 지방 성분의 함량이 높아진 우유를 말하며, 일반적으로 유지방이 20% 이상입니다. 거품을 내기 위해서는 유지방 30% 이상의 생크림이 필요합니다.

생크림 외에도 휘핑크림, 사워크림, 휘프트크림 등이 있는데요. 휘핑크림은 생크림의 영어 표기인데, 특별히 우리나라에서는 식물성 기름을 사용하여 생크림 역할을 하도록 만든 제품을 지칭하기도 합니다. 사워크림은 생크림과 마찬가지로 유지방 함량이 높은 유제품이지만, 유산균으로 발효시킨 크림을 말합니다. 마지막으로 휘프트크림(거품크림)은 휘핑된 상태의 생크림을 의미합니다. 구입할 때는 식물성인지, 순수 우유로 만들었는지, 다른 첨가물이 들어 있는지 확인하길 바랍니다.

🧪 실험순서

1 투명 플라스틱병에 생크림 ½컵을 붓습니다.

2 유리구슬 3개도 함께 넣습니다.

3 뚜껑을 단단히 잠궈 줍니다.

4 5~10분간 병을 세게 흔들어 줍니다. 팔이 아프겠지만 버터의 덩어리들이 버터우유 위로 올라올 때까지 오른팔, 왼팔 번갈아 가며 정성껏 흔들어 주세요. 흔든 뒤, 병 속이 어떻게 변했는지 관찰한 내용을 기록합니다.

5 그릇 하나에 거름망을 걸쳐 놓습니다.

6 버터 병을 거름망 위에 붓습니다. 거름망 아래로 걸러진 액체가 버터우유인데, 팬케이크나 머핀에 넣어 먹으면 맛있습니다.

7 거름망에 남은 버터는 다시 병에 넣어 놓습니다. 중간 실험 결과를 기록합니다.

8 신선한 허브(파슬리 등)나 말린 향신료(시나몬, 육두구 등) 가루 1작은술을 넣고 살살 섞어 줍니다.

9 버터의 맛을 즐겨보세요! 또 어떤 맛의 버터를 상상해 볼 수 있을까요?

식재료

➡ 걸쭉한 생크림
  (지방 36% 이상) ½컵

➡ 잘게 썬 신선한 허브 또는
  건조된 향신료 1작은술

가설

크림에서 얼마만큼(¼, ½, or ¾)이 순수한 버터인지 예측하세요.

_____

_____

_____

_____

관찰

크림을 흔들면 어떻게 되나요?

_____

_____

_____

_____

결과

크림 중에 순수 버터는 얼마나 되나요?

_____

_____

_____

_____

_____

☑ **왜 그럴까요?**

생크림은 여러 가지 성분의 혼합물입니다. 생크림을 흔들면 혼합물의 성분들이 분리되기 시작합니다. 이때 지방 성분들은 서로 달라붙어 버터가 됩니다. 실험 후에 버터와 버터우유의 양을 재서 비교해 보면, 크림 속에 든 버터와 버터밀크의 비율을 알 수 있습니다.

STEAM 연결고리

- 식품공학자들은 다양한 혼합물을 제조합니다. 식품 연구실에서는 샐러드나 스낵믹스, 스파게티와 같은 혼합물을 만들어 냅니다. 또한, 화학공학자들은 약이나 비누, 접착제 같은 혼합물을 만들어 내기도 합니다.

➕ 좀 다르게 해볼까요?

실험 후에 버터와 버터우유의 부피를 잴 때는, 여러분의 수학 실력을 발휘해서 숫자로 답해봐요. 버터와 버터우유의 양을 측정하려면 액체 계량컵을 어떻게 사용해야 할까요?

05 용액일까, 혼합물일까?: 샐러드 드레싱

4학년 1학기 5단원 혼합물의 분리
5학년 1학기 4단원 용해와 용액

실험 키워드: 용액, 혼합물

필요한 도구

● 2컵 분량의 액체 계량컵

● 밀폐 뚜껑이 있는
500ml 용기

⭐ 난이도: 쉬움　　　⏰ 준비 시간: 없음

👍 엉망진창 등급: 적음　　⌛ 실험 시간: 20분

◎ 언제 먹으면 좋을까요?:　👑 결과물: 샐러드 드레싱 한 컵 반
저녁 식사 또는 간식으로

식재료

● 카놀라유 또는
식물성 기름 ¾컵

● 식초 ¼컵

● 메이플 시럽 ¼컵

● 겨자 ¼컵

❓ 샐러드 드레싱은 여러 재료가 서로 분리될 수 없는 상태로 섞여 있는 용액이면서도, 분리할 수 있는 성분도 들어 있는 혼합물이기도 합니다. 이 실험에서는 맛있는 샐러드 드레싱을 만들고, 드레싱에 들어가는 오일, 식초, 메이플 시럽, 또는 겨자 중에서 어떤 재료가 분리될 수 있는지 알아보겠습니다.

가설

어떤 재료가 드레싱 용액에 섞이고, 어떤 재료가 섞이지 않은 채로 남아 있을지 짐작해 보세요.

실험순서

● 드레싱 만들기

1 카놀라유나 식물성 기름 ¾컵을 2컵 분량의 액체 계량컵에 따릅니다.

2 그 위에 식초 ¼컵을 부어서 액체 계량컵의 반을 채웁니다.

3 그 위에 메이플 시럽 ¼컵을 부어서 액체 계량컵이 총 1¼컵 분량이 되도록 합니다.

4 그 위에 겨자 ¼컵을 부어서 액체 계량컵이 총 1½컵 분량이 되도록 합니다.

5 관찰한 것을 기록합니다.

● 드레싱 섞고, 침전하기

1 액체 계량컵의 액체를 1리터 용기 하나에 모두 부어 줍니다.

2 뚜껑을 단단히 잠궈 줍니다.

3 샐러드 드레싱이 잘 섞일 때까지 용기를 30초간 흔들어 줍니다.

4 용기를 조리대에 놓고, 드레싱이 가라앉을 때까지 10분간 기다립니다. 결과를 기록합니다.

5 좋아하는 샐러드 위에 드레싱을 얹어 맛있게 먹어요.

☑ 왜 그럴까요?

유성 액체와 수성 액체는 서로 섞이지 않습니다. 따라서 샐러드 드레싱을 아무리 흔들어도, 유성 액체인 오일은 수성 액체인 식초, 겨자, 메이플 시럽들과 섞이지 않겠지요.

🎇 STEAM 연결고리

- 혼합물과 용액은 화학 실험실에서 가장 핵심적인 연구 대상입니다. 과학자들은 액체를 연구할 때 화학물질이 실제로 결합된 상태인지 분리된 상태인지 알아야 합니다. 화학자들은 크로마토그래피와 같은 기술로 용액의 성분을 분리할 수 있습니다. 바로 다음 단원인 2단원에서 배우게 될 거예요.

➕ 좀 다르게 해볼까요?

샐러드 드레싱에 다른 재료를 넣어서 실험해 보세요. 카놀라유 또는 식물성 기름 ¾컵, 식초 ¼컵을 기본으로 하고, 여기에 레몬이나 라임 주스, 신선한 허브, 그리고 여러분이 좋아하는 고소한 향신료를 넣어 보세요. 과연 어떤 맛이 잘 어울릴지 각각의 허브와 향신료 냄새를 맡아보고 첨가해 보세요.

🔍 관찰

각 재료를 계량컵에 넣을 때마다 어떤 변화가 생기나요?

_____

_____

_____

_____

_____

📋 결과

샐러드 드레싱 재료들을 모두 섞은 후에도 어떤 재료가 분리된 채로 남아 있는지 기록하세요

_____

_____

_____

_____

_____

06 너무나 쉬운 밀도: 사과와 오렌지의 대결

필요한 도구

→ 크고 투명한 용기 1개

★ 난이도: 쉬움　　　⏱ 준비 시간: 없음

👍 엉망진창 등급: 적음　　⌛ 실험 시간: 10분

⚙ 언제 먹으면 좋을까요?:　👑 결과물: 과일 2조각
　아침 식사나 간식으로

식재료

→ 물

→ 사과 1개

→ 오렌지 1개

→ 자두, 포도처럼 작은 과일
　2종류 (선택사항)

물체가 물에 가라앉거나 떠 있는 것은 밀도 때문입니다. 밀도란 어떤 물질이 일정한 부피나 공간에 얼마 만큼의 질량 또는 양으로 채워져 있는지를 측정해서 나온 결과입니다. 이 실험에서는 여러 가지 과일이 물에 뜨는지 가라앉는지 관찰하는 것만으로 밀도를 쉽게 비교할 수 있습니다. 사과? 오렌지? 어떤 것이 더 밀도가 높을까요?

가설

사과와 오렌지 중 어떤 것이 더 밀도가 높을지 예측해 보세요. 밀도가 높으면 더 깊이 가라앉게 되는데, 어떤 것이 더 깊이 가라앉을까요?

실험순서

1 투명한 용기에 ¾ 만큼 물을 채웁니다.

2 사과를 물에 천천히 담그고 관찰 내용을 기록합니다.

3 사과를 꺼내고, 이번에는 오렌지를 껍질째 넣고 관찰 내용을 기록합니다.

4 오렌지를 꺼내서 껍질을 중과피(오렌지 껍질 안쪽의 하얀 부분)까지 깨끗하게 벗겨낸 후 다시 넣고 관찰 내용을 기록합니다.

5 준비한 다른 과일들도 물에 넣어 보고, 밀도를 비교합니다.

6 결과를 기록합니다.

☑ 왜 그럴까요?

오렌지 껍질은 두꺼워서 공기를 많이 함유하고 있기 때문에 사과보다 밀도가 낮습니다. 오렌지 껍질이 오렌지를 물에 뜨게 하는 것이지요.

🧪 STEAM 연결고리

- 공학자들은 보트, 선박, 비행기를 설계하고 제작할 때 밀도에 대한 과학적 지식을 적용합니다. 또한 배관 설계 문제를 연구하는 기계공학자들에게도 밀도는 중요한 개념입니다. 환경 과학자들은 유출된 기름을 제거하기 위해 기름과 물의 밀도를 연구합니다.

➕ 좀 다르게 해볼까요?

수학으로 실제 밀도를 계산할 수 있습니다. 먼저 저울로 과일 조각들의 질량을 측정합니다. 부피를 측정하기 위해, 액체 계량컵에 물을 붓고 과일 조각을 넣습니다. 과일을 넣었을 때 물의 양이 얼마나 증가했는지 기록합니다. 과일의 질량을 부피로 나눈 값이 바로 과일의 밀도랍니다.

🔍 관찰

어떤 과일이 물 위에 뜨는지, 어떤 과일이 가라앉는지 기록하세요.

_____

_____

_____

_____

_____

📋 결과

사과와 오렌지 중 밀도가 높은 건 무엇인가요? 어떻게 알 수 있었나요?

_____

_____

_____

_____

_____

07 직접 말린 과일: 천연 사탕

4학년 2학기 2단원 물의 상태 변화

실험 키워드: 상태 변화(상변화), 물의 성질

 ## 필요한 도구

- 종이포일
- 쿠키 철판 3개
- 오븐
- 오븐 장갑
- 포크
- 유리나 플라스틱 보관용기
- 칼 (과일 써는 용)

 ## 식재료

- 자두 6개
- 사과 2개
- 딸기 1리터

 어린이 혼자 하면 위험해요.
어른과 함께 실험해 보아요!

- ⭐ 난이도: 보통
- 👍 엉망진창 등급: 적음
- ◎ 언제 먹으면 좋을까요?: 간식으로
- ⏲ 준비 시간: 과일 썰기 5분
- ⧖ 실험 시간: 과일을 말리기 위해 준비하는 시간 10분, 과일 건조 시간 3~8시간
- 👑 결과물: 말린 과일 2컵 이상

싱싱한 제철 과일의 맛은 무엇과도 바꿀 수 없지요? 그런데 여러분이 직접 과일을 말리면 더욱 달콤하게 만들어 볼 수 있답니다. 이 실험에서는 여러 가지 과일의 건조 시간을 측정해서 과일들에 함유된 물의 양을 서로 비교해 봅니다. 어떤 과일에 물이 가장 많이 들었을까요? 자두, 사과, 딸기?

[경고] 오븐을 사용할 때는 어른의 관리감독이 필요합니다.

 ## 실험순서

● 말릴 과일 준비

1 👤 **보호자** 과일을 준비합니다.

- 물에 씻어내고,
- 잎과 줄기를 떼고, 씨를 제거합니다.

- 과일들을 약 6~7mm 두께로 썰어 줍니다.

● 오븐에서 과일 말리기

1 오븐을 80℃로 예열해 놓습니다.

2 쿠키 철판 3개를 나란히 놓고, 종이포일을 올려 놓습니다.

3 쿠키 철판에 각각 자두, 사과, 딸기 조각들을 올려 놓습니다. 과일 조각들이 서로 겹치지 않도록 펼쳐 주세요.

4 쿠키 철판들을 오븐에 넣습니다.

5 30분마다 과일의 건조상태를 관찰합니다. 2시간 간격으로 꺼내서 포크로 과일 조각을 뒤집어 줍니다. 과일 조각이 마르기까지는 3~8시간 정도가 걸립니다.

6 과일이 꾸덕꾸덕 말라 보이면 오븐에서 꺼냅니다.

7 관찰한 내용을 기록합니다.

● 상온에서 과일 말리기

1 말린 과일을 용기에 담고 뚜껑은 열어 둡니다. 이 상태로 1주일간 조리대 위에 놓아두고, 하루에 한 번씩 흔들어 줍니다.

2 말린 과일은 냉장고에 2달까지 보관할 수 있습니다.

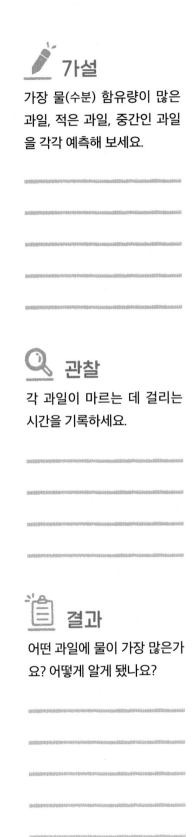

가설

가장 물(수분) 함유량이 많은 과일, 적은 과일, 중간인 과일을 각각 예측해 보세요.

_____

_____

_____

_____

_____

관찰

각 과일이 마르는 데 걸리는 시간을 기록하세요.

_____

_____

_____

결과

어떤 과일에 물이 가장 많은가요? 어떻게 알게 됐나요?

_____

_____

_____

_____

_____

과일의 주성분은 물입니다. 과일을 건조시키면 물이 줄어들고, 아주 달콤하고 특별한 맛을 내는 것들만 남게 됩니다. 물을 많이 함유한 과일은 건조하는 데 더 많은 시간이 걸립니다.

☆ STEAM 연결고리

- 식품공학자들은 여행객, 캠핑족, 등산객 그리고 우주비행사들을 위해 가볍고 상하지 않는 음식에 대해서 연구합니다. 그중에는 얇게 썬 과일을 오븐이 아닌 냉동고에 넣는 동결건조 기술도 포함됩니다. 이때, 언 물은 액체 상태를 거치지 않고 바로 기체로 승화합니다.

➕ 좀 다르게 해볼까요?

여러분도 식품공학자처럼 과일을 동결건조해 보세요. 과일을 씻어서 얇게 썰어 냉동실의 그물망 선반에 펼쳐 놓습니다. 약 1시간 후에 과일은 꽁꽁 언 상태가 되고, 약 1주일 후에는 완전히 건조된 상태가 됩니다.

08 최고의 연료: 기름진 견과

 6학년 2학기 3단원 연소와 소화

 실험 키워드: 연소

 어린이 혼자 하면 위험해요.
어른과 함께 실험해 보아요!

- ⭐ 난이도: 보통
- 👍 엉망진창 등급: 보통
- ◎ 언제 먹으면 좋을까요?: 간식으로
- 🕐 준비 시간: 견과류와 감자를 준비할 5분
- ⌛ 실험 시간: 15분
- 👑 결과물: 견과류 간식

 ## 필요한 도구

- ➡ 칼(견과류 준비에 사용)
- ➡ 성냥
- ➡ 내열 그릇(접시, 팬 등)

 ## 식재료

- ➡ 식재료
- ➡ 땅콩 3알
- ➡ 피칸 3알
- ➡ 아몬드 슬라이스 3개
- ➡ 감자 1개

 연소 반응이란 연료와 산소가 만나서 열과 빛을 생성하는 것을 말합니다. 모든 불꽃은 연소 반응의 결과인 것이지요. 이 실험에서는 견과류에 함유된 기름을 연료로 사용하여 불꽃을 일으킵니다. 아몬드, 땅콩, 피칸 중 어떤 견과류가 가장 잘 탈까요?

 [경고] 견과류와 감자는 보호자, 어른이 준비해 주세요. 불꽃이 노출되는 실험은 반드시 어른의 감독이 필요합니다.

※ 만약 견과류 알레르기가 있다면 해바라기나 호박씨로 대체하여 실험해도 좋습니다.

 ## 실험순서

● 견과류와 감자를 준비하기

1 땅콩 3개와 피칸 3개를 길고 얇게 썰어 놓습니다.

2 감자는 사진처럼 긴 원기둥이나 사각기둥 모양으로 자릅니다.

3 아몬드 슬라이스 1개를 길게 자른 감자 끝에 꽂아 둡니다. 마치 긴 양초 같아 보이지요? 이때, 감자는 아몬드에 불을 붙일 때 받쳐주는 역할을 합니다.

● **견과류 태우기**

1 성냥으로 아몬드에 불을 붙이고 꺼질 때까지 놔둡니다. 다른 아몬드 슬라이스 2개로 과정을 반복해 보고, 관찰한 내용을 기록합니다.

2 아몬드 대신에 땅콩과 피칸 조각으로 앞선 실험 과정을 반복하고, 관찰한 내용과 결과를 기록합니다.

3 남은 견과는 맛있게 즐기세요.

☑ **왜 그럴까요?**

견과류의 기름은 불을 붙일 수 있는 연료입니다. 기름이 산소를 만나 불이 붙으면 이산화탄소, 가스, 증기로 변하는 화학 변화가 일어납니다. 그중, 기름이 가장 많은 견과류가 가장 빨리 불이 붙고 가장 오래 타게 됩니다.

STEAM 연결고리

- 공학자는 연료를 연소하는 엔진을 설계하기 위해서 연소 반응을 연구합니다. 엔진의 효율을 높이는 기술은 지구의 대기에 더해지는 이산화탄소의 양을 줄일 수 있습니다. 하이브리드 자동차 엔진은 연료 효율을 높이기 위한 좋은 기술 사례입니다.

➕ **좀 다르게 해볼까요?**

감자 기둥 끝에서 견과류가 타는 모습이 마치 촛불처럼 보이지 않나요? 이 얼마나 멋진 착시 현상인가요!

가설

아몬드, 땅콩, 피칸 중 어느 견과가 가장 잘 탈까요?

관찰

각 견과가 얼마나 쉽게 불이 붙었는지, 몇 초 동안이나 타고 있었는지 기록합니다.

결과

어떤 견과가 가장 잘 탔나요? 관찰한 내용을 가지고 설명해 보세요.

09 상태 변화: 잘 구워낸 치즈 샌드위치

3학년 1학기 2단원 물질의 성질
(실과) 5~6학년 성취 기준요소: 가정생활과 안전

실험 키워드: 상태 변화(상변화)

필요한 도구

● 식탁용 나이프
　(버터 바르는 용)

● 프라이팬

● 탐침 온도계
　(또는 바비큐 온도계)

● 가스레인지

● 오븐 장갑

● 뒤집개

식재료

● 식빵 2장

● 버터 1큰술

● 슬라이스 치즈 1~2장

어린이 혼자 하면 위험해요.
어른과 함께 실험해 보아요!

★ 난이도: 보통

👍 엉망진창 등급: 적음

◎ 언제 먹으면 좋을까요?:
　점심이나 저녁 식사로

⏰ 준비 시간: 치즈를 슬라이스하는
　5분

⌛ 실험 시간: 15분

👑 결과물: 구운 치즈 샌드위치 1개

고체가 녹아 액체가 되고, 액체가 증발하거나 얼음이 되는 것, 가스가 응축되는 것을 우리는 상태 변화(상변화)라고 합니다. 주방에서 상태 변화를 관찰할 수 있는 음식으로는 맛있는 치즈가 있습니다. 이 실험에서 우리는 치즈 샌드위치가 구워지는 과정을 과학적인 측면으로 살펴보려 합니다. 샌드위치 속의 치즈는 몇 도에서 녹을까요?

경고 가스레인지를 사용하는 실험이므로 보호자나 어른의 감독이 필요합니다.

가설

치즈가 몇 도에서 녹을지 예측해 보세요.

_____

_____

_____

_____

_____

관찰

시작하기 전에 온도를 기록합니다. 팬이 서서히 달궈지는 동안 샌드위치에 변화가 있나요?

_____

_____

_____

_____

_____

결과

샌드위치의 치즈가 몇 도에서 녹았나요?

_____

_____

_____

_____

_____

실험순서

1 식빵 한 장에 버터 ½큰술을 바릅니다. 차가운 팬에, 버터를 바른 면이 아래로 향하도록 식빵을 올려 놓습니다.

2 팬에 있는 식빵에 치즈 한 장을 덮습니다. 그러면 팬-버터-식빵-치즈 순으로 놓이게 되겠죠.

3 다른 식빵 한 장에 버터 ½큰술을 바릅니다. 이것을 2단계에서 올린 치즈 위에, 이번에는 버터를 바른 면이 위를 향하게 식빵을 올려 놓습니다. 팬-버터-식빵-치즈-식빵-버터 순이 되었네요! 식빵 두 개를 이용해서 샌드위치를 만들었습니다.

4 샌드위치 안에 탐침 온도계를 조심스럽게 끼워 넣습니다.

5 가스레인지의 불을 약한 불로 켜고, 팬을 올립니다.

6 5분 동안 치즈의 온도와 상태를 보면서 샌드위치를 관찰합니다. 치즈가 5분 후에도 고체 상태로 남아 있다면 중간 불로 높입니다.

7 식빵이 타기 전에 뒤집개로 샌드위치를 뒤집어 줍니다.

8 온도와 상태를 계속 관찰합니다. 5분 후에도 치즈가 고체 상태로 남아 있다면 센 불로 높입니다.

9 치즈가 녹으면 가스레인지를 끄고 결과를 기록합니다.

☑ 왜 그럴까요?

치즈가 녹을 때는 두 가지 다른 상태 변화가 일어납니다. 치즈의 지방이 먼저 녹고, 단백질이 나중에 녹습니다. 부드러운 치즈(연성 치즈)는 낮은 온도에서 녹지만 딱딱한 치즈(경성 치즈)는 더 높은 온도에서 녹여야 합니다. 하지만 대부분의 치즈는 55℃~80℃ 사이에서 녹습니다.

STEAM 연결고리

- 과학자, 기술자, 그리고 공학자들은 실험실에서 사용하는 물질에 대해서 이해해야 합니다. 특히 상태 변화가 일어나는 온도는 물질을 이해하는 중요한 물리적 특성입니다.

➕ 좀 다르게 해볼까요?

치즈를 직접 구워 볼까요? 치즈 한 조각을 잘라서 팬에 올려 놓습니다. 기름을 살짝 두르면 달라붙지 않습니다. 너무 빨리 녹지 않게 팬의 온도를 최대한 낮춰 보세요.

10 유산균 배양: 수제 요구르트

5학년 1학기 5단원 다양한 생물과 우리 생활
6학년 1학기 1단원 과학자처럼 탐구해 볼까요? - 통합탐구(효모의 발효조건)

 실험 키워드: 미생물과 균, 유산균

 필요한 도구

- 큰 냄비
- 가스레인지
- 오븐 장갑
- 계량컵
- 탐침 온도계
- 스푼
- 요구르트 제조기
  (혹은 압력밥솥의 보온기능
  이용), 혹은 인스턴트팟

 식재료

- 우유 2리터
- 요거트 ½컵
  (살아 있는 유산균이
  포함된 것)

 어린이 혼자 하면 위험해요.
어른과 함께 실험해 보아요!

- ⭐ 난이도: 보통
- 👍 엉망진창 등급: 적음
- 🍩 언제 먹으면 좋을까요?:
  아침 식사 또는 간식으로
- 🕐 준비 시간: 없음
- ⌛ 실험 시간: 배양 준비 45분,
  배양하기 3~12시간
- 👑 결과물: 요거트 2리터

요구르트는 박테리아(세균)라고 불리는 미생물들을 배양 또는 증식한 것입니다. 요구르트 속 박테리아에는 유산균도 포함되어 있습니다. 이 실험에서는 우유에 살아 있는 활성 요구르트 박테리아(유산균)를 조금 넣어서 배양해 볼 거예요. 요구르트 박테리아가 우유 안에서 어떤 작용을 할까요?

 (경고) 가스레인지로 요리할 때는 보호자나 어른의 감독이 필요합니다. 이 실험에서는 요구르트 제조기를 사용합니다. 검증되지 않은 방법으로 만들어진 요구르트는 식품안전에 부적합할 수 있으니 유의하길 바랍니다.

실험순서

● 우유 데우기

1 가스레인지 위에 큰 냄비를 올려놓고 우유 2리터를 붓습니다. 냄비 안쪽에 온도계를 고정시켜 놓습니다.

2 중불로 켜고, 우유를 천천히 저어 줍니다.

3 우유의 온도가 80℃가 될 때까지 계속 저어 줍니다.

4 불을 끄고, 우유의 온도가 46℃가 될 때까지 식혀줍니다.

● 유산균 배양하기

1 요구르트 반 컵을 우유에 넣고 저어 줍니다.

2 우유와 요구르트 혼합물을 요구르트 제조기에 붓고, 사용법에 따라 배양합니다. 요구르트는 배양 온도 40~45℃를 유지하는 것이 매우 중요합니다.

3 관찰한 내용과 결과를 기록합니다.

☑ 왜 그럴까요?

따뜻한 우유는 요구르트 박테리아(세균)에게 최적의 환경입니다. 우유는 요구르트 박테리아가 좋아하는 설탕으로 가득합니다. 작디작은 박테리아들이 겨우 몇 시간 만에 엄청나게 많아져서, 우유를 모두 먹어 치우고 순식간에 우유를 요구르트로 만들어 버립니다.

STEAM 연결고리

- 인간의 장에 사는 수십 억 개의 박테리아 집단 중에서도 요구르트 박테리아는 매우 중요합니다. 이 장 속 미생물들은 우리가 섭취한 음식을 소화시키고, 복통이 있을 때 가라앉게 도와줍니다. 요구르트는 장에 문제가 있는 사람들에게 의사들이 사용하는 치료법 중 하나입니다.

➕ 좀 다르게 해볼까요?

다른 종류의 우유 또는 요구르트 스타터(건조시킨 요구르트 종균)로도 시도해 보세요. 맛이 어떻게 다른가요? 왜 그럴까요?

✏ 가설

요구르트 박테리아(세균)가 우유를 어떻게 변화시킬지 예측해 보세요.

🔍 관찰

직접 배양한 요구르트는 어떤 모양과 냄새, 맛을 내는지 기록하세요.

📋 결과

요구르트는 우유와 어떻게 다른가요?

베이킹파우더의 위력: 스콘과 머핀의 대결

5학년 1학기 5단원 다양한 생물과 우리 생활
6학년 1학년 3단원 여러 가지 기체

실험 키워드: 효모(이스트), 기체의 부피

어린이 혼자 하면 위험해요.
어른과 함께 실험해 보아요!

⭐ 난이도: 어려움

👍 엉망진창 등급: 보통

🍩 언제 먹으면 좋을까요?:
아침 식사 또는 간식으로

🕐 준비 시간: 재료 준비 5분

⏳ 실험 시간: 반죽하는 데 30분,
굽기까지 또 30분

👑 결과물: 스콘 12개와 머핀 12개

필요한 도구

- 오븐
- 오븐 장갑
- 큰 그릇 2개
- 큰 스푼
- 계량컵 및 계량스푼
- 4컵 분량의 액체 계량컵
- 도마 또는 조리대
- 식탁용 나이프
- 쿠키 철판
- 제빵 솔
- 작은 그릇
- 작은 스푼
- 포크
- 머핀틀
- 머핀 종이컵 12개
- 이쑤시개

지식 모아보기

앞의 실험(2. 효모의 활약: 크루아상)에서, 강력분의 찰기에 대해 이야기한 것을 기억하나요? 밀가루는 찰기에 따라 강력분, 중력분, 박력분으로 나뉩니다. 밀가루에 찰기를 주는 것은 '글루텐'이라는 단백질 성분입니다. 글루텐 함량이 5~8%인 박력분은 쿠키와 케이크용, 8~11.5% 글루텐을 가진 중력분은 국수, 수제비, 만두 등을 만들 때 사용하는 다목적용입니다. 글루텐이 11~13%인 강력분은 빵이나 피자를 만들 때 사용합니다.

글루텐을 실제로 확인해 볼 수 있는데요. 밀가루 반죽이 묻은 손을 물에 씻어 보세요. 글루텐은 물에 녹지 않는 불용성 단백질이기 때문에 물에 씻겨져 내려 가지 않고 끈적하게 남아 있게 됩니다. 이 글루텐이 건강에 미치는 영향에 대 해서도 인터넷에서 확인해 보세요.

식재료

- 박력밀가루(박력분) 4컵
  + 반죽 굴릴 때 사용할
  여분의 ¼컵
- 베이킹파우더 2큰술
- 걸쭉한 생크림(유지방 36%
  이상) 2½컵
- 소금 1작은술
- 말린 과일 1컵(건포도나
  살구, 사과, 파인애플 다진 것)
- 설탕 ⅔컵 + ¼컵
- 시나몬 1작은술
- **머핀에만 추가되는 재료**:
  우유 ½컵, 달걀 2개,
  생과일 다진 것 ½컵

 우리가 간식으로 즐기는 부드럽고 포슬포슬한 빵의 식감은 반죽을 부풀리는 팽창제 때문입니다. 이 실험에서는 바로 베이킹파우더가 그 역할을 합니다. 실험에서 베이킹파우더가 반죽을 부풀리는 현상을 관찰해 봅시다. 베이킹파우더가 스콘을 만들 때 어떤 역할을 할까요? 또 머핀에는 어떤 역할을 할까요?

  경고 오븐 사용 시에 어른의 감독이 필요합니다.

 ## 실험순서

● 스콘 만들기

1 오븐을 200℃로 예열합니다.

2 큰 그릇에 밀가루 4컵, 베이킹파우더 2작은술, 소금 1작은술, 그리고 설탕 ⅔컵을 넣고 큰 스푼으로 섞어 줍니다.

3 말린 과일 1컵을 넣고 저어 줍니다.

4 생크림 2½컵을 넣어 섞은 후, 반죽이 뭉쳐질 때까지 저어 줍니다.

5 반죽의 절반을 다른 큰 그릇(두 번째 그릇)에 떼어냅니다.

6 깨끗한 손으로 첫 번째 그릇에 담긴 반죽을 둥근 공처럼 뭉쳐 줍니다. 반죽이 서로 달라붙을 때까지 몇 번이고 함께 뭉쳐서 치댑니다. 바로 이 반죽이 스콘을 만들 반죽입니다. 그리고 지금까지 관찰한 것을 기록합니다.

7 도마 위에 밀가루 ¼컵을 흩뿌립니다.

8 도마 위에, 첫 번째 그릇에 있던 반죽을 올립니다.

9 반죽을 두께 약 2cm, 너비 약 8cm 크기의 긴 직사각형이 되도록 손으로 모양을 잡아 줍니다. 이 직사각형을 정사각형 6개가 되도록 자르고, 이 정사각형을 다시 사선으로 갈라 두 개의 삼각형이 되게 합니다. 그럼 삼각형 조각 12개가 나오겠지요?

10 삼각형 조각들을 쿠키 철판 위에 올리고, 제빵 붓으로 계량컵에 남아 있는 크림을 고루 발라줍니다.

11 작은 그릇에 설탕 ¼컵과 시나몬 1작은술을 넣습니다. 이 중 절반을, 작은 스푼을 이용해서 스콘 반죽 위에 뿌리고, 나머지 절반은 머핀용으로 남겨둡니다.

12 스콘을 오븐에 넣고 12~15분 정도 구워 냅니다. 윗부분이 노릇해지고 만졌을 때 살짝 굳은 정도가 좋습니다.

● 머핀 만들기

1 스콘이 구워지는 동안, 액체 계량컵에 우유 ½컵을 붓습니다. 우유에 달걀 2개를 깨고 포크로 저은 후, 반죽이 들어 있는 두 번째 그릇에 넣습니다. 다져 놓은 신선한 과일 ½컵을 넣고 큰 스푼으로 함께 섞어 줍니다. 바로 이것이 머핀 반죽입니다. 지금까지 관찰한 것을 기록합니다.

2 머핀틀에 머핀 종이컵을 끼워 놓습니다.

3 큰 스푼으로 머핀 반죽을 떠서 종이컵의 ⅔ 높이까지 채워 줍니다.

4 따로 남겨둔 시나몬과 설탕 혼합물을 머핀 위에 뿌립니다.

5 오븐에서 구워진 스콘을 꺼내고, 오븐의 온도를 190℃로 낮춥니다. 머핀을 15~20분 구워 줍니다. 머핀에 이쑤시개를 꽂았을 때, 깨끗하게 빠져나오면 성공적으로 구운 것입니다.

6 스콘과 머핀을 비교하고, 결과를 기록합니다.

☑ 왜 그럴까요?

베이킹파우더는 거품을 만드는 화학 변화를 일으켜 반죽을 부풀게 만듭니다. 특히 '이중 작용을 하는 베이킹파우더(더블액팅 베이킹파우더)'는 두 가지 화학 변화를 만들어냅니다. 첫 번째 변화는 촉촉한 재료와 만났을 때 반응하고, 두 번째 변화는 반죽이 뜨거워졌을 때 반응합니다. 실험에서 (우유, 달걀, 생과일이 더 추가된) 머핀 반죽은 스콘보다 더 묽고 촉촉합니다. 따라서 머핀을 구우면 베이킹파우더에 의해 더 크게 부풀어 오르게 됩니다.

가설

스콘과 머핀이 오븐에서 구워질 때 서로 다르게 부풀어 오를까요?

관찰

스콘 반죽과 머핀 반죽의 유사점과 차이점을 관찰하세요.

결과

스콘과 머핀의 맛과 질감을 비교해 보세요.

앞선 실험부터 이번 실험까지 제빵에서 팽창제로 사용되는 이스트, 베이킹소다, 베이킹파우더가 재료로 한 번씩은 나왔네요. 이쯤에서 이 세 가지 재료가 어떻게 다른지 알아볼까요?

이스트는 미생물로서 이산화탄소를 만들어냅니다. 강력분의 글루텐으로 이스트가 만든 이산화탄소를 가두어 폭신폭신한 식감의 식빵을 만들어 낼 수 있죠? 이와 달리 베이킹소다와 베이킹파우더는 화학 반응을 이용해서 빵을 팽창시킵니다. 우선 베이킹소다는 탄산수소나트륨이라는 한 가지 성분의 물질입니다. 베이킹소다는 염기성으로서 쓴맛을 내기 때문에 빵을 맛있게 팽창시키려면 다른 물질을 같이 섞어야 하는데요. 쓴맛을 줄이고 편리하게 사용하기 위해, 베이킹소다에 하나 이상의 산성염(주로 타르타르크림이나 인산칼슘)과 비활성 녹말을 추가해서 만든 것이 바로 베이킹파우더입니다. 베이킹파우더는 공기 중에서 액체와 반응하여 이산화탄소를 만들고, 반죽 속에 갇힌 이산화탄소는 열에 의해 팽창하여 밀가루 반죽을 부풀어 오르게 합니다.

그렇다면 베이킹파우더만으로도 폭신폭신한 식빵을 만들 수 있을까요? 이것이 가능하다면 이스트로 1차 발효, 2차 발효하는 데 걸리는 지루한 시간을 줄일 수 있을 텐데요. 하지만 베이킹파우더를 사용하면 여전히 쓴맛이 납니다. 결국 식빵을 충분히 팽창시킬 수는 있어도 맛이 좋지는 않겠죠. 현재로서는 베이킹파우더가 이스트를 대체하기는 힘들 듯합니다.

그럼 머핀은 어떨까요? 베이킹파우더를 사용하는 머핀과 같은 빵들은 쓴맛을 줄이기 위해서 많은 당분을 첨가합니다. 당연하게만 여겨졌던 여러 빵들의 요리법이 알고 보면 매우 과학적으로 이루어졌다는 것이 놀랍지 않나요?

STEAM 연결고리

■ 식품회사 연구소에서 일하는 식품과학자들은 케이크 믹스와 옥수수 머핀, 브라우니 같은 제품에 사용되는 베이킹파우더의 가장 적절한 양을 구하기 위해 끊임없이 실험합니다. 여러분은 매일 브라우니를 굽는 연구실에서 일하는 자신을 상상해본 적 있나요?

좀 다르게 해볼까요?

우리가 만든 조리법에서 베이킹파우더나 크림의 양을 다르게 하면 식감이 다른 스콘과 머핀이 됩니다. 또 다른 맛의 빵을 만들고 싶다면 다른 과일로도 실험해 보세요.

12 멈추어 다오!: 양파의 눈물

어린이 혼자 하면 위험해요.
어른과 함께 실험해 보아요!

- ⭐ 난이도: 보통
- 👍 엉망진창 등급: 보통
- ⏱ 언제 먹으면 좋을까요?: 간식으로
- 🕐 준비 시간: 인터뷰 15분

- ⏳ 실험 시간: 20분
- 👑 결과물: 캐러멜라이징된 양파 ½컵

 필요한 도구

- ➡ 필요한 도구
- ➡ 칼(양파 써는 용)
- ➡ 도마
- ➡ 작은 프라이팬
- ➡ 가스레인지
- ➡ 접시

 양파를 썰 때면 눈물이 납니다. 이 실험에서는 눈을 양파로부터 보호하기 위한 여러 방법을 테스트합니다. 과연 어떤 방법이 눈물을 막아 줄까요?

 식재료

- ➡ 양파 1개
  (되도록이면 수확한 지 오래된 것)
- ➡ 올리브유 1작은술

 (경고) 양파는 보호자가 썰고, 가스레인지를 사용할 때는 보호자와 어른의 관리감독이 필요합니다.

가설

양파를 다룰 때, 눈물을 흘리지 않을 방법을 새롭게 제시하거나 나온 아이디어 중에서 고른 후, 왜 그렇게 생각하는지 설명해 주세요.

_____

_____

_____

_____

 **관찰**

앞선 방법들을 시도했을 때 어떻게 되는지 잘 관찰하세요.

_____

_____

_____

_____

_____

_____

_____

실험순서

● **여러 가지 방법으로 실험하기**

1 최소한 3명에게, 양파를 썰면서 울지 않는 본인만의 방법이 있는지 질문해 보세요. 다음은 몇 가지 방법들입니다.

- 양파를 얼린다.
- 성냥개비나 빵 조각 같은 것을 입에 물고 양파를 썬다.
- 고글을 착용한다.

2 답변 중 두 가지 방법을 선택합니다.

3 어른이 양파를 썰고 있을 때, 아이는 썰어 놓은 양파 근처에 한동안 얼굴을 대고 기다립니다. 각각 양파의 절반을 사용해, 앞서 선택한 두 가지 방법을 테스트합니다. 관찰한 내용을 기록합니다.

● **양파 익히기**

1 올리브유 1작은술을 작은 프라이팬에 두르고 센 불로 가열합니다.

2 얇게 썬 양파를 팬에 넣고, 3~6분 볶아줍니다.

3 양파가 갈색으로 변하기 시작하면 약한 불로 낮춰 줍니다. 양파가 물러지고 캐러멜 갈색으로 변하면 불을 끕니다.

4 캐러멜라이징된 양파를 접시에 담아 냅니다.

5 양파의 맛을 보세요. 눈물이 나나요? 양파를 볶을 때 눈물을 흘렸나요? 실험한 결과를 기록합니다.

☑ 왜 그럴까요?

양파를 자를 때 나오는 기체는 눈을 자극합니다. 이 기체는 시간이 지날수록 강해져서, 갓 수확한 양파를 다룰 땐 상대적으로 눈물이 나지 않지만, 오래된 양파를 다룰 땐 눈물을 흘리게 됩니다. 그런데 양파를 익히면 이 기체는 모두 날아가 버립니다. 아쉽게도 아직까지 과학자들도 생양파로 인한 자극을 멈추는 방법은 찾아내지 못했습니다.

STEAM 연결고리

- 오랫동안 과학자들은 양파를 썰 때 눈물이 나는 이유를 알지 못했습니다. 2002년에서야 일본의 과학자들이 눈에 자극을 주는 원인인 기체를 발견했습니다. 양파가 눈물을 유발하는 원인을 알게 되었으니, 머지않아 과학자들이 해결책을 찾아내지 않을까요?

지식 모아보기

캐러멜 반응이란 설탕 또는 설탕 시럽을 130℃ 이상으로 가열했을 때 일어나는 반응입니다. 당분의 종류에 따라 캐러멜라이징되는 온도가 다르며, 단맛, 신맛, 쓴맛, 과일 향, 버터스카치 향, 캐러멜 향, 견과류 향 등 다양한 맛을 냅니다. 모두가 화학적인 변화입니다.

➕ 좀 다르게 해볼까요?

당근, 파프리카(피망), 셀러리도 캐러멜라이징되는지 실험해 보세요. 야채들이 어떻게 변할까요?

13 엽록소를 구출하라!: 야채 데치기

6학년 1학기 4단원 식물의 구조와 기능

실험 키워드: 엽록소, 실험군/대조군

필요한 도구

- 작은 냄비
- 가스레인지
- 타이머
- 큰 그릇
- 구멍이 있는 국자
  (액체와 고체를 분리할 수
  있는 여과국자)
- 큰 접시
  (대조군 콩과 실험군 콩을
  함께 올려서 비교할 수 있는
  넉넉한 크기)

식재료

- 식재료
- 깍지콩 1컵
  (꼬투리까지 있는 콩)
- 물 6컵
- 얼음 12조각

 어린이 혼자 하면 위험해요.
어른과 함께 실험해 보아요!

⭐ 난이도: 보통   ⌛ 실험 시간: 15분

👍 엉망진창 등급: 적음   👑 결과물:
                              바삭하면서 부드러운 콩 1컵

🍩 언제 먹으면 좋을까요?: 간식으로

🕐 준비 시간: 5분

 익힌 야채는 생 야채보다 부드럽지만 흐물흐물해지기 쉽습니다. 이 실험에서는 야채를 바삭하면서도 부드럽게 만드는 두 가지 요리법인 데치기와 급속 냉각을 실험하려고 합니다. 야채의 색깔은 어떻게 변할까요?

 (경고) 가스레인지에서 요리를 할 때마다 어른의 감독이 필요합니다.

실험순서

1 깍지콩에 붙어 있는 줄기는 손으로 툭툭 떼어 손질해 주세요.

2 대조군*이 될 깍지콩 한 개를 따로 떼어 놓습니다.

● 깍지콩 삶기

1 작은 냄비에 물 3컵을 붓습니다.

2 가스레인지를 센 불로 켜고 냄비를 올립니다.

3 다른 큰 그릇에 얼음 조각 12개를 넣고, 찬물 3컵을 더 부어 놓습니다.

4 물이 끓어오르면 깍지콩을 뜨거운 물에 넣습니다(따로 떼어놓은 콩 제외).

5 타이머를 2분으로 설정합니다.

● 삶은 깍지콩을 급속 냉각하기

1 2분 후에 여과국자로 깍지콩들을 건져서, 얼음물이 담긴 그릇으로 옮겨줍니다. 두 번째 대조군으로 사용할 깍지콩 한 개는 뜨거운 물에 남겨둡니다. 관찰한 내용을 기록합니다.

2 타이머를 5분으로 설정합니다.

3 5분 후에 얼음물 그릇에 옮겨둔 깍지콩들을 여과국자로 큰 접시에 옮겨 놓습니다.

4 뜨거운 물에 남겨둔 깍지콩 한 개를 여과국자로 건져 접시 한쪽 끝에 놓고, 처음에 따로 둔 생깍지콩은 그 반대쪽 끝에 놓습니다.

5 관찰한 내용과 결과를 기록합니다.

---

* 실험 중, 상태 변화의 정도를 확인하기 위해서 아무것도 하지 않은 최초의 상태로 그대로 두는 대상을 말합니다.

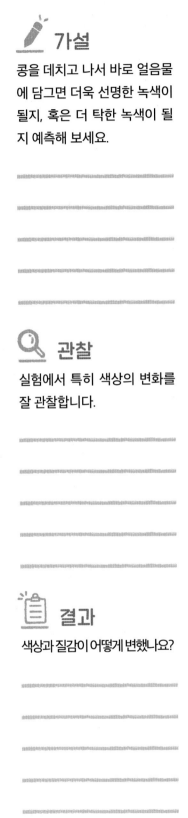

가설

콩을 데치고 나서 바로 얼음물에 담그면 더욱 선명한 녹색이 될지, 혹은 더 탁한 녹색이 될지 예측해 보세요.

관찰

실험에서 특히 색상의 변화를 잘 관찰합니다.

결과

색상과 질감이 어떻게 변했나요?

깍지콩을 삶으면 열로 인해서 식물에 있던 공기의 일부가 증발합니다. 공기가 증발하면 엽록소라고 불리는 초록색 분자는 더 선명한 색을 드러냅니다. 그러나 너무 오래 열에 노출되면 엽록소가 분해되어 오히려 칙칙하고 흐물흐물해집니다. 이때, 얼음물로 열을 빠르게 식혀 주면 엽록소의 색깔이 선명하게 유지된답니다.

🧪 STEAM 연결고리

- 온도는 생명체를 구성하는 분자에 큰 영향을 미치기 때문에 생물학자들은 온도를 특별히 더 중요하게 다룹니다.

➕ 좀 다르게 해볼까요?

이 방법을 다른 녹색 채소에 적용해 보세요. 다른 색깔의 야채도 같은 결과일까요? 한번 해 보세요!

14 단백질의 변성: 엎질러진 달걀

5학년 1학기 2단원 온도와 열

실험 키워드: 변성, 단백질

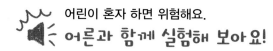
어린이 혼자 하면 위험해요.
어른과 함께 실험해 보아요!

필요한 도구

- 프라이팬
- 가스레인지
- 뒤집개
- 접시
- 포크

⭐ 난이도: 보통
⏱ 준비 시간: 없음

👍 엉망진창 등급: 적음
⌛ 실험 시간: 10분

🍩 언제먹으면 좋을까요?: 아침 식사로
👑 결과물: 달걀프라이 1개

달걀은 한번 익히면 되돌릴 수 없습니다. 이 실험에서는 팬 위에서 달걀이 익어가는 과정을 관찰합니다. 열이 달걀을 어떻게 변화시킬까요?

식재료

- 버터나 올리브유 1작은술
- 달걀 1개
- 소금 약간

경고 가스레인지 위에서 요리할 때는 어른의 감독이 필요합니다. 아이가 이전에 달걀을 깨본 적이 없다면 도와주세요. 날달걀이나 덜 익은 달걀은 먹지 않도록 하세요.

🧪 실험순서

1 가스레인지에 작은 프라이팬을 올리고, 버터나 올리브유 1작은술을 넣습니다.

2 가스레인지는 중불로 놓습니다.

3 달걀 1개를 깨서 팬에 떨어뜨립니다.

4 달걀 색이 변할 때까지 익히고, 관찰한 것을 기록합니다.

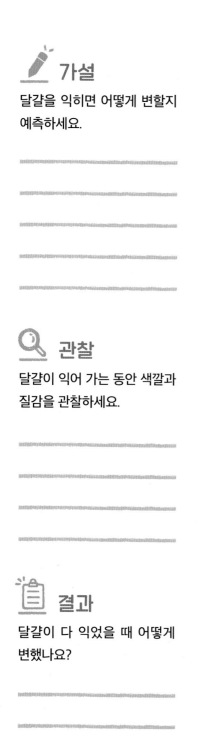

가설

달걀을 익히면 어떻게 변할지
예측하세요.

관찰

달걀이 익어 가는 동안 색깔과
질감을 관찰하세요.

결과

달걀이 다 익었을 때 어떻게
변했나요?

5 뒤집개로 달걀을 뒤집고, 관찰한 것을 기록합니다.

6 달걀의 양면이 모두 하얗게 변하고, 노른자가 단단하게 익었으면 불을 끕니다.

7 접시에 달걀을 옮기고, 소금으로 간을 한 후 맛있게 먹습니다.

8 결과를 기록합니다.

☑ 왜 그럴까요?

달걀은 단백질 분자로 이루어져 있고, 단백질은 열에 의해 모양이 달라집니다. 40℃ 이상의 열에서 변성이 일어난 단백질은 원래의 모양으로 돌아갈 수 없습니다. 달걀흰자는 100% 단백질이기 때문에, 달걀이 익을 때 단백질이 변성하는 것을 쉽게 확인할 수 있습니다.

🧪 STEAM 연결고리

- 최근까지도 과학자들은 단백질의 변성이 영구적이라고 믿었습니다. 하지만 2015년, 캘리포니아의 공학자들은 달걀을 익기 전의 상태로 되돌릴 수 있다는 사실을 발견했습니다. 그들은 화학 및 기계 장치를 사용해서 변성된 달걀흰자의 단백질 모양을 되찾는 데 성공했습니다.

💬 좀 다르게 해볼까요?

다양한 달걀 요리를 시도해 보세요. 달걀을 끓는 물에 3분간 삶아 반숙을 만들거나, 14분간 삶아서 완숙을 만들어 보세요. 색다르게 수란을 만들 수도 있는데, 끓는 물에 달걀을 풀어 3분간 익혀 주면 수란이 완성됩니다. 또, 믹싱볼에 물 1작은술과 달걀을 함께 푼 다음, 팬에 버터를 둘러 볶아주면 푹신한 스크램블 에그를 만들 수도 있지요.

15 글루텐의 세계: 피자 크러스트

 6학년 1학기 1단원 과학자처럼 탐구해 볼까요? - 통합탐구(효모의 발효조건)

 실험 키워드: 효모(이스트), 밀가루

 어린이 혼자 하면 위험해요.
어른과 함께 실험해 보아요!

- ⭐ 난이도: 어려움
- 👍 엉망진창 등급: 적음
- 🍩 언제 먹으면 좋을까요?: 점심이나 저녁 식사로
- 🕐 준비 시간: 없음

- ⧗ 실험 시간: 반죽 만들기 30분, 반죽 부풀리기 1시간, 토핑하고 굽기 45분
- 👑 결과물: 큰 피자 2판 또는 작은 피자 4판

필요한 도구

- ➡ 계량컵과 계량스푼
- ➡ 2컵 분량의 내열 액체 계량컵
- ➡ 전자레인지
- ➡ 큰 믹싱볼 2개
- ➡ 전기 스탠드믹서 (또는 큰 스푼)
- ➡ 도마 또는 조리대
- ➡ 키친 타월*
- ➡ 밀대
- ➡ 자
- ➡ 제빵붓
- ➡ 오븐
- ➡ 오븐 장갑

 글루텐은 반죽을 뭉치게 만드는 분자입니다. 밀가루는 종류에 따라 글루텐 함유량이 다릅니다. 이 실험에서는 강력밀가루(강력분)와 통밀가루에 들어 있는 글루텐의 양을 비교합니다. 과연 어느 쪽이 더 끈끈한 반죽의 피자 크러스트를 만들까요?

 (경고) 오븐을 사용할 때는 어른의 관리감독이 필요합니다. 만약 전기 스탠드믹서를 사용한다면 어린이가 옆에서 지켜보도록 하세요.

 실험순서

⬤ 강력밀가루로 피자 반죽하기

1 2컵 분량의 내열 액체 계량컵에 ¾컵만큼 물을 채웁니다. 전자레인지에 45초간 돌려, 물이 뜨겁지 않을 정도로 데웁니다.

---

* 사실 키친 타월(KITCHEN TOWEL)은 콩글리쉬입니다. 바른 영어 표현은 페이퍼 타월(PAPER TOWEL), 즉 '종이 타월'입니다. 우리 실생활에서는 키친 타월을 더 빈번하게 사용하므로, 이 책에서는 키친 타월로 지칭하겠습니다.

식재료

- ➡ 물 1½컵
- ➡ 이스트 3작은술
- ➡ 꿀 1작은술
- ➡ 강력밀가루(강력분) 2½컵
  + 반죽을 밀 때 사용할
  여분의 ¼컵
- ➡ 소금 1작은술
- ➡ 올리브유 5큰술
- ➡ 통밀가루 2¼컵
- ➡ 피자 토핑: 토마토
  마리나라 소스
  ½컵(스파게티 소스 캔),
  모짜렐라 치즈 가루 500g,
  기타 야채나 고기

가설

강력밀가루와 통밀가루 중 어떤 것이 글루텐을 더 많이 가지고 있을지, 어느 쪽의 피자 크러스트가 더 부풀어 오를지 예측해 보세요.

2 이 물에 이스트 1작은술과 꿀 1작은술을 넣고 저어서 한쪽에 놓아둡니다.

3 큰 믹싱볼에 강력밀가루 2½컵, 소금 ½작은술, 올리브유 1½큰술을 넣어 섞어 줍니다. 이스트가 든 혼합물(2단계에서 만든 것)도 넣어 주세요.

4 큰 수저 또는 전기 스탠드믹서(혼합 모드)로 2분간 저어 줍니다.

5 도마 위에 밀가루를 살짝 흩뿌리고, 손으로 10분 동안 부드럽게 반죽합니다. 또는 믹서를 반죽 모드로 작동하여 10분간 반죽합니다.

6 반죽을 공처럼 뭉친 후, 양손으로 반죽을 잡아 서로 반대쪽으로 부드럽게 늘입니다. 반죽이 찢어지기 시작할 때 멈추어서, 반죽이 늘어난 길이를 측정하여 기록합니다.

7 반죽을 다시 공처럼 뭉쳐서 다른 믹싱볼에 담습니다.

● 통밀가루로 피자 반죽하기

1 이번에는 강력밀가루 대신 통밀가루 2¼컵으로, 1~7단계를 반복합니다. 관찰한 내용을 기록합니다.

● 반죽 부풀리기 & 굽기

1 두 개의 반죽 덩어리가 담긴 믹싱볼을 깨끗한 키친 타월로 덮은 후, 1시간 동안 부풀게 놓아 둡니다.

2 오븐을 220℃로 예열합니다.

3 큰 피자 2개를 만들려면 2개의 반죽을 그대로 놓아두고, 4개의 작은 피자로 만들려면 각 반죽을 다시 반으로 나눕니다.

4 밀대로 피자 반죽을 동글 납작하게 만들고, 두께가 1cm가 되도록 합니다. 밀가루를 바른 쿠키 철판 위에 각각의 피자 크러스트를 올립니다.

5 큰 피자 크러스트 각각에 올리브유 1큰술을 바릅니다. (작은 피자 하나에는 ½큰술)

8 각 피자 크러스트 위에 ⅛~¼컵 분량의 토마토 소스를 고루 펴 바릅니다. 모짜렐라 치즈 조각과 좋아하는 피자 토핑도 얹으세요.

9 표면이 갈색으로 바삭바삭해질 때까지 15~20분간 굽습니다.

10 맛있게 시식하고, 관찰 내용과 결과를 기록합니다.

☑ 왜 그럴까요?

끈끈하고 신축성이 좋은 글루텐 분자는 이스트가 생성한 기포를 가둠으로써 맛있는 피자 크러스트의 식감을 선사합니다. 강력밀가루가 통밀가루보다 더 많은 글루텐을 함유하기 때문에 더 쫀득한 식감의 도우를 만들 수 있습니다. 아! 글루텐은 밀, 보리, 호밀, 귀리에는 있지만 옥수수나 쌀에는 들어 있지 않답니다.

두 반죽의 질감과 신축성, 그리고 두 피자 크러스트의 맛과 질감을 기록해 보세요.

🌋 STEAM 연결고리

- 글루텐을 먹으면 안되는 사람도 있습니다. 밀가루는 종류마다 글루텐의 양이 다르며, 글루텐이 전혀 없는 밀가루도 있습니다. 식품공학자는 글루텐 알레르기가 있거나 내성이 없는 사람들이 먹을 수 있도록, 글루텐이 들어 있지 않으면서 비슷한 식감과 맛을 내는 제품을 개발하기 위해 연구합니다.

➕ 좀 다르게 해볼까요?

글루텐이 없는 옥수수나 쌀가루로 이 요리법을 똑같이 재현해 보세요. 글루텐 성분이 없는 피자 크러스트는 어떤 느낌일까요?

📋 결과

어떤 피자 크러스트가 더 잘 늘어났나요? 그럼 어떤 것이 글루텐이 더 많은 걸까요?

알아두면 쓸모 있는 상식: 슈퍼마켓 과학

과학은 우리 주변 어디에나 있습니다. 슈퍼마켓 같은 식료품점에도 역시나 과학이 있죠!

● 과일과 채소

과일과 채소를 살 때, 가장 중요한 철칙이 있습니다. 바로 제철 농산물을 사는 것인데요. 모든 과일과 야채는 일 년 중 가장 맛있는 때가 있기 때문입니다. 제철 농산물은 멀지 않은 곳에서 재배되어, 운반 시간이 가장 짧은 것이 더 풍부한 비타민과 영양소를 가지고 있습니다. 식품의 색상도 중요합니다. 당연히 선명한 색상을 가진 것이 좋겠지요. 냄새도 꼼꼼하게 맡아 보세요. 잘 익은 것은 향기가 난답니다. 냄새가 없으면 아직 덜 익은 것이고, 안 좋은 냄새가 나면 되도록 구매하지 않길 바랍니다. 곰팡이 핀 바구니나 박스에 담겨진 과일이나 야채는 절대 사지 마세요.

● 날짜를 확인하세요!

포장된 음식에는 대부분 날짜가 적혀 있습니다. 이 날짜들은 음식의 상태가 가장 좋을 기한, 식료품점이 팔 수 있는 기한, 즉 음식의 유통기한 등을 의미합니다. 유통기한이 지난 것은 그 음식이 더 이상 먹기에 안전하지 않다는 뜻입니다. 그중 '품질유지기한'은 음식 맛이 좋을 때가 언제까지인지 알려줍니다.

● 영양성분표

포장된 음식에는 영양성분표도 있습니다. 일반적으로 당이 적고 단백질, 섬유질, 비타민이 많은 음식을 선택하면 더 양질의 에너지를 얻고, 건강한 상태를 유지할 수 있습니다. 영양성분표에는 음식의 열량(칼로리) 정보도 표시됩니다. 열량이 높다는 것은 더 많은 에너지를 가지고 있다는 뜻입니다.

기술

우리는 기술을 사용하여, 과학을 실제 현실의 문제에 적용합니다.

우리는 일상적으로 사용하는 도구들이 한때는 완전히 새로운 발명품이었다는 사실을 종종 잊곤 합니다. 1600년대에 유럽인들이 '포크'라고 불리는 새로운 기술이 접목된 도구를 사용하기 시작했을 때, 해결된 문제들을 상상해볼 수 있나요? 계량컵, 주걱, 거품기, 블렌더, 전자레인지와 같은 기술이 접목된 주방 도구들은 모두 요리사들이 주방에서 겪는 문제를 해결한 좋은 사례들입니다.

이번 단원에서는 요리 연구소, 생물학, 화학, 물리학 실험실에서 시작된 신기한 기술들을 실험합니다. 여러분은 음식에서 빛을 발하게 하는 방법을 익히고, 음료수를 고체 알갱이로 바꾸는 방법, 그리고 DNA와 식물 색소를 추출하는 방법을 배우게 됩니다. 또한 간단한 열량계를 만들어서 음식이 가진 에너지량을 측정하기도 합니다.

첨단 기술이 포함된 이 단원의 실험들은 이 책에서 가장 수준이 높다고 볼 수 있습니다. 실험을 안전하게 수행하기 위해서 부모님의 감독이 좀 더 필요할 수도 있지만, 여러분의 활동을 방해할 정도는 아닙니다. 이 실험들에 충분한 시간을 들이길 바랍니다. 우리 집 주방에서 이러한 실험이 가능하다는 사실에 여러분은 아마 깜짝 놀라게 될 거예요.

16 주방의 발광생물: 빛나는 젤리

6학년 1학기 5단원 빛과 렌즈

실험 키워드: 발광, 빛의 반사

필요한 도구

- 4컵 분량의 투명 내열 액체 계량컵
- 전자레인지
- 스푼
- 250ml 정도의 투명컵 4개
- UV 블랙라이트
  (자외선 조명 혹은 손전등으로 된 것으로 준비. 형광물질 검출기로 전구 형태나 손전등 형태로 인터넷 검색하면 나옵니다)

식재료

- 토닉워터 4컵
  (꼭 키니네 성분이 든 것으로 준비해야 합니다. 보통 수입하는 토닉워터에 키니네가 든 것이 많습니다.)
- 젤오(Jell-O)(85g) 다른 맛으로 2봉지
  (젤라틴 성분의 다른 제품도 됩니다)
- 물 2컵

어린이 혼자 하면 위험해요.
어른과 함께 실험해 보아요!

- ⭐ 난이도: 보통
- 👍 엉망진창 등급: 적음
- 🍩 언제 먹으면 좋을까요?: 간식으로
- 🕐 준비 시간: 없음
- ⌛ 실험 시간: 요리 10분, 냉장고에서 젤리 굳히기 4시간
- 👑 결과물: 젤리 4덩어리

생물발광이란 해파리나 일부 심해 생물처럼 생물체가 스스로 빛을 만들어 내는 현상을 부르는 과학 용어입니다. 그리고 그런 생물들을 발광생물이라고 부릅니다. 우리가 할 실험에서는, 특수한 물을 사용했을 때 젤리가 빛을 내게 됩니다. 어떤 맛 혹은 어떤 색깔의 젤리가 가장 밝게 빛나는지 알아봅니다. 다른 맛을 내는 젤리는 빛도 다를까요?

경고 뜨거운 액체는 매우 위험하니, 끓는 토닉워터와 뜨거운 젤리는 어른이 부어 주어야 합니다.

🧪 실험순서

1 투명한 내열 액체 계량컵에 토닉워터 1컵을 붓습니다.

2 토닉워터가 든 계량컵을 전자레인지에 1분간 가열합니다.

3 토닉워터가 아직 끓지 않는다면 30초 더 데웁니다.

4 젤오 한 봉지를 뜨거운 토닉워터에 쏟아붓고 저어서 녹여 젤오 용액을 만들어 줍니다.

5 젤오 용액에, 차가운 토닉워터나 실온에 보관해둔 토닉워터 1컵을 넣고 10초간 저어 줍니다.

6 젤오 용액을 투명한 컵 4개 중 2개에 붓습니다.

7 다른 맛의 젤오 1봉지로 1~6단계를 반복합니다.

8 만들어진 젤리를 냉장고에 넣어 굳을 때까지 2~4시간 정도 식힙니다.

9 색이 다른 젤리를 UV 블랙라이트로 비춰봅니다.

10 무엇이 보이나요? 관찰한 내용과 결과를 기록합니다.

2단원 기술　**81**

✏️ 가설

어떤 맛의 젤리가 UV 블랙라이트를 비췄을 때, 가장 밝게 빛날까요? 왜 그렇게 생각하나요?

_____

_____

_____

_____

🔍 관찰

색이 다른 각각의 젤리를 UV 블랙라이트로 비추었을 때 보이는 것들을 묘사해 보세요.

_____

_____

_____

_____

_____

📋 결과

어떤 색의 젤리가 가장 밝게 빛나나요?

_____

_____

_____

_____

_____

☑ 왜 그럴까요?

토닉워터는 키니네(퀴닌) 성분이 들어 있는 약간 쓴맛이 나는 탄산수입니다(국내에서 키니네 성분이 들어 있는 토닉워터는 찾기 힘들지만, 수입하는 토닉워터에 이 성분이 들어 있는 것이 가끔 있습니다). 이 키니네는 UV 블랙라이트 아래에서 빛을 발합니다. UV 블랙라이트의 자외선을 우리 눈에 보이는 가시광선으로 반사하기 때문입니다. 이 가시광선은 젤리가 가진 색깔을 그대로 반사하므로 젤리의 색에 따라 각기 다른 빛을 내게 됩니다.

🏭 STEAM 연결고리

- 생물발광은 생물학 분야에서 놀라운 과학적 발견을 불러일으켰습니다. 과학자들은 뇌세포, 바이러스, 항체, 그리고 DNA에 이들 아주 미세한 발광 화학물질을 이식해 관찰에 활용한답니다.

➕ 좀 다르게 해볼까요?

토닉워터의 쓴맛으로 인해 여러분은 생물발광 젤리에서 약간 쓴맛을 느낄 수도 있습니다. 생물발광 젤리를 더 맛있게 만들려면 무엇을 추가해야 할까요?

생명의 암호를 풀어라: 바나나 DNA

4학년 2학기 1단원 식물의 생활

실험 키워드: DNA, 유전자

어린이 혼자 하면 위험해요.

어른과 함께 실험해 보아요!

- ⭐ 난이도: 어려움
- 👍 엉망진창 등급: 적음
- ◎ 언제 먹으면 좋을까?: 아침 식사 또는 간식으로
- 🕐 준비 시간: 실험 시작 전, 냉장고에 최소 1시간 동안 냉각된 이소프로필알코올
- ⌛ 실험 시간: 30분
- 👑 결과물: 스무디 2컵

과학적 미스터리를 풀고 질문에 답하기 위해, 과학자들은 각 생물(유기체)가 갖고 있는 고유한 분자인 DNA 표본이 필요합니다. DNA는 모든 생물의 세포 안에 들어 있지만, DNA를 추출하는 것은 매우 까다로운 작업입니다. 과학자들이 세포에서 DNA를 추출해야 할 때 어떤 도구가 필요할까요?

(경고) 믹서기의 전원을 켜기 전에 반드시 뚜껑이 잘 닫혀 있는지 확인합니다. 이소프로필알코올이 눈에 튀면 따가울 수 있습니다. 반드시 고글을 써야 하고, 어른이 이소프로필알코올을 부어 주어야 합니다.

필요한 도구

- ➡ 믹서기
- ➡ 계량컵 혹은 계량스푼
- ➡ 200ml 이하 플라스틱 컵 2개
- ➡ 스푼
- ➡ 콘 모양 커피 필터 (사이즈 #2)
- ➡ 고무줄
- ➡ 큰 사이즈 음료컵 2개

식재료

- ➡ 바나나 2개
- ➡ 물 1컵 + 4작은술
- ➡ 투명한 샴푸 1작은술
- ➡ 소금 두 꼬집
- ➡ 냉동 딸기나 냉동 산딸기 1컵
- ➡ 오렌지 주스 1컵
- ➡ 냉장 보관한 이소프로필알코올 (소독용 알코올) 4작은술

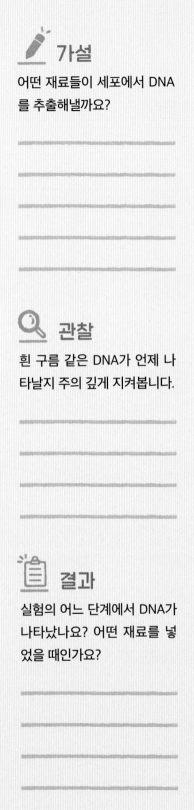

가설

어떤 재료들이 세포에서 DNA를 추출해낼까요?

_____

_____

_____

_____

관찰

흰 구름 같은 DNA가 언제 나타날지 주의 깊게 지켜봅니다.

_____

_____

_____

결과

실험의 어느 단계에서 DNA가 나타났나요? 어떤 재료를 넣었을 때인가요?

_____

_____

_____

_____

_____

_____

실험순서

● 바나나 용액과 샴푸 혼합물 만들기

1 믹서기에 바나나 1개와 물 1컵을 넣고 덩어리가 모두 으깨질 때까지 섞어 줍니다.

2 200ml 플라스틱 컵 하나에 샴푸 1작은술, 소금 두 꼬집, 물 4작은술을 넣고 거품이 일지 않도록 천천히 저어 줍니다.

3 물, 바나나 혼합물 3작은술을 샴푸 혼합물에 넣고, 5~10분간 천천히 저어 줍니다.

● 혼합물을 필터에 거르기

1 콘 모양의 커피 필터를 다른 플라스틱 컵에 올려 놓습니다. 필터를 열어서 위쪽을 접어 컵의 가장자리에 걸쳐 둡니다. 필터 끝이 컵의 바닥에 닿지 않도록 하고, 필터가 떨어지지 않게 컵에 고무줄로 필터를 고정합니다.

2 '바나나 용액과 샴푸 혼합물 만들기'의 3단계에서 만든 혼합물을 필터에 붓습니다.

3 맑은 액체가 필터 컵 바닥으로 서서히 걸러집니다.

● 시식용 스무디 만들기

1 혼합물이 걸러지는 동안 다시 믹서기로 돌아가서, 바나나 1개, 냉동 딸기 1컵, 오렌지 주스 1컵을 믹서기에(물론 완벽하게 세척이 된 상태여야 합니다) 넣고, 덩어리들이 으깨질 때까지 섞어서 스무디를 만듭니다.

2 스무디를 유리컵 2개에 나누어 따르고 맛있게 즐깁니다.

● 알코올로 DNA 추출하기

1 필터를 낀 컵의 바닥에는 적어도 1작은술 정도의 맑은 물이 고여 있을 거예요. 조심스럽게 고무줄을 풀고 필터를 빼냅니다. 고무줄과 필터는 버려 주세요.

2 걸러진 맑은 물 위에, 냉장 보관해 둔 이소프로필알코올을 최대한 천천히 컵의 벽을 따라, 층이 형성되게 부어 줍니다.

3 침전물이 가라앉도록 2~3분간 놓아 둡니다. 맑은 액체 위에 하얀 구름처럼 떠오른 것이 바로 바나나의 DNA입니다.

> ### ☑ 왜 그럴까요?
>
> 이 실험에서는 세 가지 성분이 DNA 추출에 사용되었습니다: 소금, 샴푸, 이소프로필알코올입니다. 샴푸는 바나나의 각 세포 안에서 DNA를 보호하는 막의 분자들을 녹입니다. 소금은 작은 DNA 분자들이 서로 달라붙도록 합니다. 이소프로필알코올은 DNA가 우리 눈에 드러나, 보이게 해줍니다.

🧪 STEAM 연결고리

- 생명공학은 과학자와 공학자들이 생명체를 이해하기 위한 기술을 연구하는 매우 유망한 분야입니다. 생명체의 비밀을 간직한 DNA의 암호를 풀기 위해 과학자들은 DNA를 추출합니다.

➕ 좀 다르게 해볼까요?

살아 있는 모든 세포에는 DNA가 들어 있습니다. 딸기나 집에서 기른 브로콜리로도 시도해 보세요.

18 신기한 구슬 놀이: 분자요리

 어린이 혼자 하면 위험해요.
어른과 함께 실험해 보아요!

⭐ 난이도: 보통

👍 엉망진창 등급: 적음

🍩 언제 먹으면 좋을까요?:
간식, 또는 팬케이크 가니쉬
(음식 위에 곁들이는 장식, 고명)

🕐 준비 시간: 실험 4시간 전에 오일
2컵 냉각하기

⏳ 실험 시간: 구슬 만들기 30분 +
맛보기 5분

👑 결과물: 분자요리 구슬 약 ½컵

> ❗ 단, 아이가 3학년이라면 자세한 설명 대신, 고체가 액체나 기체로, 액체가 기체나 고체로, 기체가 고체나 액체로 변할 수 있다는 수준까지만 설명해 주세요.

❓ 구체화(Spherification, 스페리피케이션)는 액체 상태의 음식을 고체 구슬로 탈바꿈하는 요리 기술입니다. 주스, 핫초콜릿 심지어 수프까지, 액체로 된 모든 음식을 매우 작은 음식 알갱이로 만들 수 있습니다. 우리가 늘 먹던 음식의 형태와 식감이 바뀌면 맛도 다르게 느껴질까요?

❗ 경고 뜨거운 액체는 위험할 수 있습니다. 뜨거운 김이 나는 주스는 어른이 따라야 합니다.

 ## 필요한 도구

➡ 계량스푼

➡ 2컵 분량 투명 내열 액체
계량컵 2개

➡ 스푼

➡ 전자레인지

➡ 플라스틱 압착 병
(마요네즈나 케찹이 담긴 용기로,
눌러서 짜낼 수 있는 용기)

➡ 채반

➡ 그릇

 ## 식재료

➡ 주스 2큰술 + ¼컵

➡ 무첨가 젤라틴(7g) 1봉지

➡ 냉장 보관한 카놀라유 또는
식물성 기름 2컵

 ## 실험순서

● 주스-젤라틴 혼합물 만들기

1 첫 번째 액체 계량컵에 주스 2큰술을 붓습니다.

관찰

가족이나 친구가 무슨 맛이라고 얘기했나요?

_____
_____
_____
_____

 결과

가족이나 친구가 맞힌 바로 그 맛이 구슬의 재료인가요?

_____
_____
_____
_____
_____

2 젤라틴 1봉지를 주스에 넣고 20초간 저어 줍니다.

3 두 번째 액체 계량컵에 주스 ¼컵을 붓습니다.

4 주스를 전자레인지에 10초간 데우고 나서 저어 줍니다.

5 주스가 끓지 않으면서 김이 날 때까지 데우고 젓기를 반복합니다.

6 첫 번째 계량컵에 두 번째 계량컵에 담긴 데워진 주스를 붓고 1분간 저어 줍니다.

7 이 주스-젤라틴 혼합물을 압착 병에 붓습니다.

8 압착 병을 냉장고에 넣고 10분간 식힙니다(10분 이상 식히면 굳을 수 있으니 주의하세요).

● 주스-젤라틴 혼합물로 구슬 만들기

1 냉장고에서 압착 병과 차가운 오일을 꺼냅니다.

2 압착 병 속의 주스-젤라틴 혼합물을 차가운 오일에 천천히 떨어뜨립니다. 물방울의 크기를 다양하게 조절해 보세요!

3 주스-젤라틴 혼합물을 다 비웠으면, 차가운 오일과 주스-젤라틴 구슬을 채반 위에 천천히 부어 줍니다. 채반 아래에 다른 그릇을 받쳐두면 오일로 또 다른 구슬을 만들 수 있습니다.

4 오일을 다 붓고 나면 구슬을 헹궈 오일을 씻어냅니다.

5 채반 안의 구슬을 그릇에 붓습니다.

6 가족이나 친구에게 구슬을 맛보게 한 후, 무엇으로 만들었는지 설명해 보세요. 고체 상태에서도 주스 맛이 느껴질까요? 관찰한 내용과 결과를 기록합니다.

☑ 왜 그럴까요?

젤라틴은 차가워지면서 액체에서 고체로 변합니다. 급속도로 열이 식으면서 각각의 구슬로 분리된 젤라틴은, 기름에 녹지 않으므로 서로 달라붙지 않고 형태를 유지합니다. 물론 주스의 맛도 그대로 유지하면서 말입니다.

🧪 STEAM 연결고리

- 구체화는 '분자요리'라고 불리는 중요한 요리 분야에서 사용하는 기술입니다. 이 분야의 요리사들은 화학적인 방법으로 맛과 영양 분자를 분리하여 멋진 음식으로 탈바꿈시킵니다.

➕ 좀 다르게 해볼까요?

메이플 시럽은 달콤하지만 팬케이크를 끈적거리게 만들죠. 메이플 시럽을 구슬로 만들면 팬케이크를 뽀송뽀송하게 즐길 수 있지 않을까요? 우선 팬케이크를 만들고, 먹기 전에 팬케이크 위에 메이플 시럽 구슬 3~7개를 올려줍니다. 입 안에서 팬케이크의 구슬이 녹아 메이플 시럽의 맛을 느끼게 될 거예요.

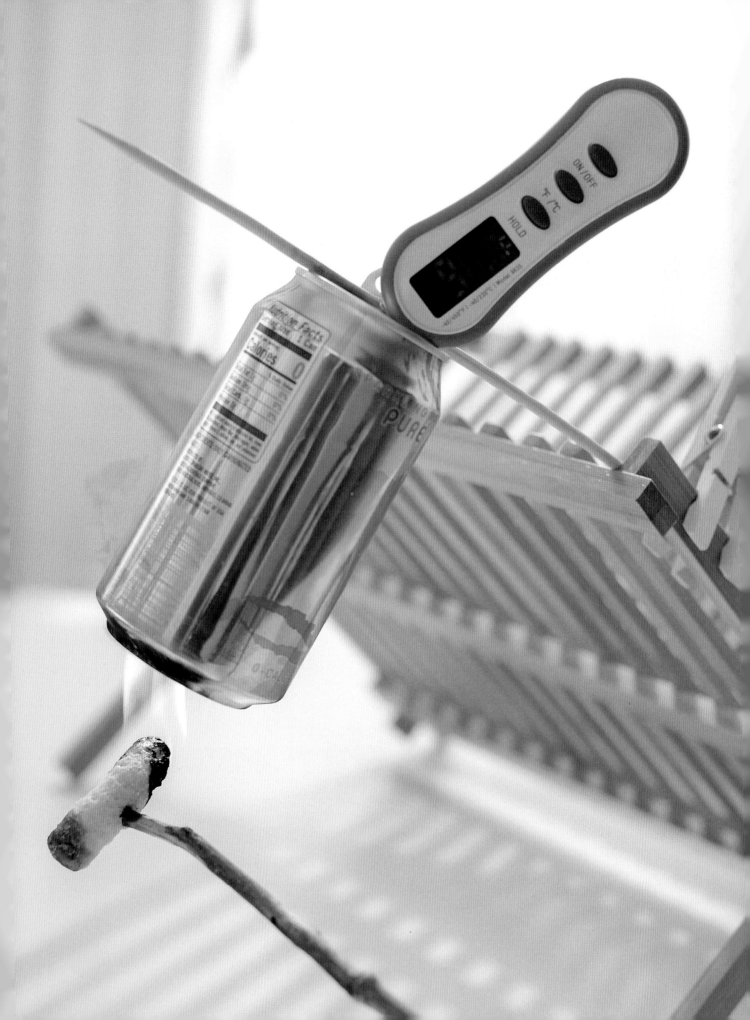

19 스낵의 열량 대결: 불타는 치즈볼

 6학년 2학기 3단원 연소와 소화

 실험 키워드: 소화, 열에너지, 열량, 칼로리

 어린이 혼자 하면 위험해요.
어른과 함께 실험해 보아요!

- ⭐ 난이도: 어려움
- 👍 엉망진창 등급: 적음
- 🍩 언제 먹으면 좋을까요?: 간식으로
- 🕐 준비 시간: 없음
- ⏳ 실험 시간: 열량계 만들기 10분, 음식 태우기 5분
- 👑 결과물: 간식 1~2인분

❓ 칼로리(cal, 열량의 단위)는 음식이 가진 에너지를 측정하는 단위입니다. 식품화학자들은 음식의 정확한 칼로리를 재기 위해 열량계를 만듭니다. 치즈볼과 마시멜로 중 어느 쪽이 열량이 높을까요? 이 궁금증을 해결하기 위해 우리는 직접 열량계를 만들 것입니다.

❗ (경고) 불꽃은 매우 위험합니다. 고글을 착용하고, 간식에 불을 붙여 태우는 것은 어른이 도와주세요.

 ## 필요한 도구

- ➡ 내열 꼬치(물에 젖은 대나무 꼬치 같은 것)
- ➡ 빈 음료수 캔
- ➡ 빨래집게 2~4개
- ➡ 선반 혹은 빈 식기 건조대
- ➡ 탐침 온도계 또는 바비큐 온도계
- ➡ 음식을 구울 막대기
- ➡ 성냥

 ## 식재료

- ➡ 물 7큰술
- ➡ 한입 크기 치즈볼 과자 1봉지
- ➡ 마시멜로 10개

 ## 실험순서

● 열량계 만들기

1 빈 캔을 가지고, 윗면에 있는 손잡이 고리에 내열 꼬치를 통과시킵니다. 집게를 사용하여 꼬치를 선반에 고정하고, 캔이 조리대에서 15cm 위 허공에 매달린 상태가 되도록 합니다.

가설

치즈볼과 마시멜로 중 어떤 음식이 칼로리가 더 높다고 생각하나요? 왜 그렇게 생각하나요?

_____

_____

_____

_____

_____

🔍 관찰

각 음식을 태우기 전과, 태우고 난 후의 물의 온도를 기록하세요.

_____

_____

_____

_____

 결과

어떤 것이 캔 속의 물을 더 뜨겁게 데웠나요?

_____

_____

_____

_____

_____

2 캔에 물 7큰술(약 100cc, 100ml, 100g)을 붓습니다.

3 캔에 온도계를 조심스럽게 넣어 줍니다.

● 치즈볼의 열량 측정하기

1 먼저 캔 속의 물 온도를 측정합니다.

2 치즈볼 하나를 막대기에 꽂습니다.

3 어른의 도움을 받아, 성냥으로 치즈볼에 불을 붙입니다.

4 불붙은 치즈볼을 캔 바로 밑에 댑니다. 대롱대롱 매달린 캔 밑에서 치즈볼이 캠프파이어를 하는 것 같죠? 다 탈 때까지 그대로 막대기를 잡고 기다립니다. 뜨거운 치즈볼은 절대 손으로 만지지 않도록 하세요.

5 캔 속의 물 온도를 잽니다.

● 마시멜로 열량 측정하기

1 이번에는 마시멜로를 사용하여 '치즈볼의 열량 측정하기'의 단계를 반복합니다.

2 결과를 기록합니다.

3 남은 치즈볼과 마시멜로는 맛있게 드세요!

☑ 왜 그럴까요?

우리가 음식을 먹는 이유는 우리가 운동할 때 필요한 에너지가 음식에 들어 있기 때문입니다. 음식의 에너지는 음식 분자 내의 화학적 결합에서 나오는데, 이것이 음식이 연소될 때 열에너지로 변합니다. 바로 그 열에너지가 캔 속의 물을 따뜻하게 만드는 것이죠. 따라서 물을 더 따뜻하게 데운 쪽이 열량이 더 높은 음식입니다.

STEAM 연결고리

■ 식료품점에서 판매되는 모든 가공식품은 법적으로 식품 표시를 부착해야만
합니다. 식품과학자들은 치즈볼, 마시멜로, 포테이토칩, 프레첼 같은 식품의
정확한 칼로리를 측정하기 위해 열량계를 사용합니다.

좀 다르게 해볼까요?

1cal은 순수한 물 1g의 온도를 1℃만큼 올리는 데 필요한 열량입니다. 캔에 넣
은 물 7큰술은 약 100cc(1큰술은 약 15cc, 15g입니다)로, 무게 단위로 환산하면
100g입니다. 캔 속의 물을 1℃ 올리면 100cal, 즉 0.1kcal인 것이죠. 식품에서
는 1kcal를 1칼로리로 부릅니다. 그렇다면 과자 한 개는 몇 칼로리일까요? 계
산해 보세요.

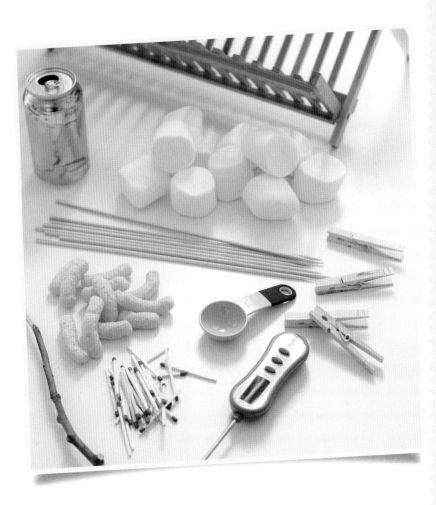

20 크로마토그래피: 시금치의 숨겨진 색소

 필요한 도구

- 흰색 콘 모양의 커피 필터 1개
- 가위
- 자
- 연필
- 동전
- 투명한 컵
- 테이프
- 이소프로필알코올 (소독용 알코올)
- 키친 타월

 식재료

- 시금치 잎 2컵 분량
- 얇게 썬 딸기 1컵
- 좋아하는 샐러드 드레싱 2큰술

 어린이 혼자 하면 위험해요.
어른과 함께 실험해 보아요!

- ⭐ 난이도: 어려움
- 👍 엉망진창 등급: 적음
- ◎ 언제 먹으면 좋을까요?: 점심이나 저녁 식사로
- ⏱ 준비 시간: 없음
- ⏳ 실험 시간: 30분
- 👑 결과물: 샐러드 2접시

 채소들의 화려한 색은 색소 분자 때문입니다. 대개 우리는 잎이 초록색이라고 알고 있는데요. 과연 시금치 잎에는 초록색만 존재할까요? 잎에서 색소 분자를 추출하면 몇 가지 색이 나올까요?

 경고 이소프로필알코올이 눈에 튀면 따가울 수 있습니다. 고글을 쓰고, 어른이 이소프로필알코올을 부어야 해요.

 실험순서

● **여과지 만들기**

1 커피 필터를 오려서 긴 여과지를 만듭니다. 여과지의 폭은 약 2.5cm, 길이는 컵보다 1cm 더 길게 자릅니다.

2 자로 여과지 아래로부터 2cm 위치를 재서, 연필로 수평선을 그어 줍니다.

3 시금치 잎 하나를 앞서 그은 연필 선 위에 덮고, 시금치 위에 동전을 세워서 연필 선을 따라서 살짝 누르면서 굴립니다. 시금치를 들어 올려서 얇은 초록색 선이 연필 선 자리에 그려졌는지 확인합니다.

4 연필 중앙에 여과지 윗부분을 테이프로 수직이 되도록 붙여줍니다. 연필을 컵 위에 수평으로 걸쳤을 때, 아래로 늘어진 여과지가 컵 바닥에 닿을 듯 말 듯 할 정도가 되어야 합니다.

● 알코올로 색소 추출하기

1 🧑 **보호자** 어른이 알코올을 컵에 1cm 높이로 따릅니다. 알코올이 여과지의 맨 아래에만 닿아야 합니다. 시금치의 녹색 선이 알코올보다 위에 있는지 확인합니다.

2 알코올이 여과지 위쪽으로 번져서 시금치 선에 닿는 순간을 자세히 관찰합니다. 알코올이 거의 여과지 꼭대기까지 올라왔을 때 여과지를 꺼내 키친 타월 위에 놓습니다.

3 관찰한 결과를 기록합니다.

> ### ☑ 왜 그럴까요?
>
> 시금치 잎은 네 가지 색 분자를 가지고 있습니다. 밝은 녹색, 짙은 녹색, 주황색 그리고 노란색입니다. 그러나 주황색과 노란색은 옅어서, 짙은 초록색에 가려집니다. 이렇게 숨겨진 색깔은 우리 눈에 잘 보이지 않지만 중요한 역할을 합니다. 이 색소들은 식물이 잎으로 태양 에너지를 흡수하여 당으로 변환하는 '광합성'이라 불리는 작용을 도와줍니다.

⚙ STEAM 연결고리

■ 크로마토그래피는 화학 실험실에서 분자를 식별하기 위해 사용되는 기술입니다. 그중 비타민은 신체의 효소가 제 역할을 하도록 도와주는 중요한 영양소입니다. 다음 단원인 3단원에서 우리는 이 효소에 대해 배우게 됩니다.

➕ 좀 다르게 해볼까요?

남은 시금치 잎으로 맛있는 딸기-시금치 샐러드를 만들어 볼까요? 2개의 접시에 시금치와 딸기를 절반씩 담고, 드레싱도 두 접시에 골고루 뿌려주세요. 색소의 맛이 느껴지나요?

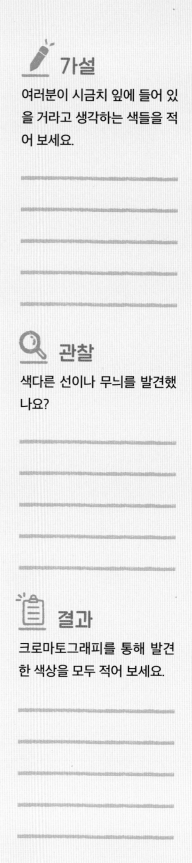

✏ 가설

여러분이 시금치 잎에 들어 있을 거라고 생각하는 색들을 적어 보세요.

_____

_____

_____

_____

_____

🔍 관찰

색다른 선이나 무늬를 발견했나요?

_____

_____

_____

_____

📋 결과

크로마토그래피를 통해 발견한 색상을 모두 적어 보세요.

_____

_____

_____

_____

알아두면 쓸모 있는 상식:
분자요리사, 에르베 티스

에르베 티스(Herve This)는 세계적으로 유명한 프랑스 요리사입니다. 또한 화학자이기도 한 티스는 1988년, 헝가리의 물리학자 니콜라스 쿠르티(Nicholas Kurti)와 함께 '분자요리'라는 새로운 과학 분야를 공동으로 개척했습니다. 분자요리란 음식의 분자에 주목하며, 요리 과정에서 분자들에게 일어나는 변화에 초점을 맞춥니다. 그는 음식의 맛을 내는 특정한 분자를 찾아 추출하고, 그것을 연구하여 인공적인 맛을 만들어 냅니다.

그는 녹말이나 단백질을 분말, 알갱이 형태로 개발한 것으로도 유명합니다. 이를 통해, 사람들은 단순히 작은 분말 또는 알갱이만으로도 일반 음식물과 똑같이 필요한 에너지를 섭취할 수 있습니다. 음식 분말이나 알갱이, 맛을 내는 구슬로 만든 식사는 무미건조하게 들릴지도 모릅니다. 그러나 요리사들은 티스가 발명한 것들을 활용하여 주방에서 환상적인 요리를 탄생시켰습니다.

현재 티스는 'Note by Note(NbN)'이라는 식품회사에서 일하고 있습니다. 이 회사는 특별한 맛과 영양소를 가진 음식 분자를 사용하여 쓰레기를 최소화하면서 사람들에게 익숙한 음식을 만들어 냅니다. 티스는 NbN이 세계의 기아 문제에 대한 해결책이라고 믿습니다. 분자는 일반적인 음식보다 작고 가벼우며, 부패할 가능성이 적기 때문입니다. 이러한 기술이 일반 가정에 보급되기까지는 적어도 20년이 넘게 걸릴 수도 있습니다. 세상에서 가장 첨단의 도구를 갖춘 요리사들도, 아쉽게도 아직까지는 자연이 만들어낸 신선하고 달콤한 사과의 아삭함을 흉내낼 수도 없답니다.

3단원
Engineering

공학

공학이라는 거친 세계에 온 여러분을 환영합니다!

공학자들은 세상의 갖가지 문제들을 이해하기 위해 질문하고, 문제를 해결하기 위해 수학을 사용합니다. 대체로 공학자들은 팀을 구성해 일합니다. 팀 내에서 토론을 통해 아이디어를 공유하기도 하고, 디자인을 서로 보여주고, 가능성 있는 해결책에 대해 논쟁을 벌이기도 합니다.

화학공학은 주방에서 특히 중요한 역할을 합니다. 우리가 즐기는 많은 음식이 공학적인 발견에 의해 만들어집니다. 마트에 진열된 온갖 종류의 치즈 같은 것들이 대표적인 예입니다. 식품과학자들은 음식을 신선하고 맛있게, 그리고 보기 좋게 유지할 수 있는 방법을 연구합니다.

우리는 바로 이 단원에서, 과일과 야채, 치즈, 프렌치토스트, 팬케이크, 쿠키 속에 숨겨진 화학공학을 실험합니다. 또한 기계공학 기술로 태양광 오븐을 만들고, 음식으로 몇 가지 구조물도 만들어 봅니다. 실험 중에는 정말 간단한 실험도 있답니다.

세상에는 해결하기 어려운 복잡한 문제가 너무나 많기 때문에 공학자들은 늘 골머리를 앓고, 실패할 때도 많습니다. 하지만 그런 실수와 뜻밖의 결과 역시 공학의 과정입니다. 이 책에 있는 공학 프로젝트 실험을 하면서, 한 번에 성공하지 못하고 여러 번 해야 하는 상황이 생기더라도 여러분들이 잘못된 길을 걷는 게 아니라는 사실을 잊지 말길 바랍니다.

21 젤라틴을 지켜라!: 파인애플 젤리

 실험 키워드: 젤라틴, 단백질, 변성

필요한 도구

- 4컵 분량의 내열 투명 액체 계량컵 1개
- 전자레인지
- 계량컵
- 스푼
- 250ml 유리컵 4개
- 칼(파인애플을 썰기 위해)
- 키친 타월

식재료

- 물 4컵
- 젤오 85g 1봉지
- 세 가지 파인애플:
  말린 파인애플 ¼컵,
  캔 파인애플 ¼컵,
  생 파인애플 ¼컵

 어린이 혼자 하면 위험해요.

어른과 함께 실험해 보아요!

- ★ 난이도: 보통
- 👍 엉망진창 등급: 적음
- ◎ 언제 먹으면 좋을까요?: 간식으로
- ⏱ 준비 시간: 없음
- ⌛ 실험 시간: 젤리 만들기 10분, 관찰하기 30분
- 👑 결과물: 과일 젤리 4컵

 여러분은 혹시, 옛날 방식으로 젤리 샐러드를 만드는 요리사들은 절대로 생 파인애플을 넣지 않는다는 사실을 알고 있나요? 왜냐구요? 온통 뒤죽박죽이 된 디저트가 될 수 있으니까요! 진짜 그런지 알아볼까요? 젤리를 만드는 요리사에게는 말린 파인애플이나 캔 파인애플이 더 나은 선택일까요?

 경고 뜨거운 액체와 날카로운 도구를 다룰 때는 어른의 감독이 필요합니다.

🧪 실험순서

● 젤라틴 만들기

1 액체 계량컵에 물 2컵을 넣고 전자레인지에 2분간 데웁니다.

2 여기에 젤오 1봉지를 넣고 저어서 녹여줍니다.

3 이 젤리 용액에 찬물 2컵을 붓습니다.

4 이 젤리 용액을 4개의 유리컵에 나누어 붓습니다.

5 젤리 컵들을 냉장고에 넣어 식힙니다. 거의 굳을 때까지 한 시간 정도 걸릴 거에요.

6 🧑 **보호자** 젤리가 식는 동안, 세 가지 파인애플을 잘게 다집니다. 캔과 생 파인애플은 물기가 빠지도록 키친 타월 위에 펼쳐 놓습니다.

● **파인애플을 넣어 비교하기**

1 젤리가 거의 굳었으면, 4컵 중 하나의 젤라틴 위에 말린 파인애플 ¼컵을 고르게 얹어 줍니다.

2 다른 2개의 컵에, 캔 파인애플과 생 파인애플을 각각 얹어 줍니다. 먼저 젤리에 물기가 들어가지 않도록 캔 파인애플의 물이 잘 빠졌는지 확인하세요.

3 이제 말린 파인애플, 캔 파인애플, 생 파인애플이 든 젤리가 각각 하나씩 있게 됩니다. 네 번째 젤리 컵은 다른 것과 비교하기 위한 대조군이므로, 그대로 둡니다.

4 네 컵 모두 5분, 10분, 30분 간격으로 관찰합니다.

5 파인애플 조각이 든 세 컵의 젤라틴이 어떻게 되고 있나요? 각각의 관찰한 내용과 결과를 기록합니다.

☑ 왜 그럴까요?

젤리의 주성분인 젤라틴은 투명한 색을 띠는 단백질의 한 종류로, 천연 단백질인 콜라겐을 뜨거운 물로 열을 가해 분해하여 처리하면 얻을 수 있습니다. 그리고 파인애플에는 젤라틴을 파괴하는 성분이 들어 있습니다. 바로 프로테아제라는 단백질 분해효소입니다. 프로테아제는 단백질을 분해하는데, 젤라틴도 단백질이므로 분해되는 것이지요.
파인애플을 말리거나 캔에 넣을 때는 열이 가해지는데, 이때 열은 프로테아제를 변성 또는 파괴시켜 더 이상 단백질 분해효소로써 기능하지 못하게 합니다. 파인애플을 42℃ 이상으로 가열한다면 프로테아제 단백질이 변성을 일으켜서, 젤리 속 젤라틴을 분해하지 않으므로 더 이상 젤리 요리사를 곤혹스럽게 하지 않을 것입니다.

가설

말린 파인애플, 캔 파인애플, 생 파인애플 컵 중 어떤 것이 젤리의 상태가 가장 좋을지 예측해 보세요.

관찰

5분, 15분, 그리고 30분 후에 파인애플이 어떻게 변했나요? 젤리 표면에 물기가 생기는지 주의 깊게 관찰하세요.

――――――――――――

――――――――――――

――――――――――――

――――――――――――

⚗️ STEAM 연결고리

- 화학 분야에서 일하는 과학자들은 이처럼 문제를 일으키는 분자들의 영향을
  최소화하는 일에 직면하기도 합니다. 이 실험에서 우리는 파인애플의 프로테
  아제라는 단백질 분해효소에 의해 야기되는 문제에 대한 해결책을 알아보았
  습니다.

➕ 좀 다르게 해볼까요?

여러 가지 모양의 틀로 된 젤리 샐러드는 1960~1970년대에 인기가 있었습니
다. 온라인에서 'Jell-O Mold Recipe with Fruit'를 검색해 보고, 가장 맘에 드
는 요리법을 골라보세요. 옛날 방식으로 디저트 요리를 만들면 가족이나 친구
들에게 감동을 줄 수 있을 거예요.

22 엉큼한 애호박: 나는 애플파이다

 실험 키워드: 미각, 향신료

 어린이 혼자 하면 위험해요.
어른과 함께 실험해 보아요!

 필요한 도구

- 칼(사과, 애호박 써는 용)
- 스푼
- 큰 프라이팬 1개
- 주걱
- 가스레인지
- 큰 그릇 2개
- 계량컵과 계량스푼
- 믹서기
- 테두리가 있는 쿠키 철판 2개
- 주석 파이 틀(파이 팬) 2개
- 오븐
- 오븐 장갑

⭐ 난이도: 어려움

👍 엉망진창 등급: 적음

◎ 언제 먹으면 좋을까요?: 간식으로

🕐 준비 시간: 애호박과 사과 얇게 썰기 10분

⌛ 실험 시간: 파이 만들기 1시간, 굽기 30분, 식히기 1시간, 맛보기 10분

👑 결과물: 파이 2개

 식품과학자들은 모방 식품을 만들어 우리의 감각을 속이기도 합니다. 이번 실험에서는 두 가지 애플파이를 만들고 맛을 비교합니다. 사람들은 진짜 애플파이와 가짜 애플파이를 구별할 수 있을까요? 구별한다면, 구별할 수 있는 이유는 무엇일까요?

 경고 오븐, 가스레인지, 칼을 사용할 때는 어른의 감독이 필요합니다.

🧪 실험순서

● 파이 속 만들기

1 👷 **보호자** 큰 애호박은 껍질을 벗기고 반으로 길게 자릅니다. 가운데 호박씨들을 스푼으로 긁어낸 후, 가로 방향으로 6mm 두께로 썰어서 6컵 분량을 만듭니다.

🍲 식재료

- 큰 애호박 2~3개
- 레몬 1개를 짠 레몬즙 (약 6큰술)
- 소금 두 꼬집
- 큰 사과 4~7개
- 흑설탕 2½컵
- 시나몬 가루 3작은술
- 육두구 가루 두 꼬집
- 타르타르 크림 4작은술
- 다용도 밀가루 ½컵
- 토핑 재료: 밀가루 2컵, 설탕 1컵, 흑설탕 ½컵, 시나몬 3작은술, 소금 1작은술, 무염 버터 12큰술(1~1.5cm 깍둑썰기로 잘라 냉장 보관)

2 프라이팬에 썬 애호박을 모두 넣고 레몬즙 3큰술, 소금 한 꼬집을 뿌립니다.

3 중불에서, 애호박이 충분히 익을 때까지 주걱으로 저어 줍니다.

4 애호박이 갈색을 띠기 시작하면 불을 끕니다.

5 👨 **보호자** 애호박이 식는 동안, 사과 4~7개를 6mm 두께로 썰어서 5컵 분량을 만듭니다.

6 큰 그릇에 익힌 애호박을 담고, 또 다른 큰 그릇에 썬 사과를 담습니다.

7 사과 그릇에 레몬즙 3큰술과 소금 한 꼬집을 넣습니다.

8 흑설탕 1¼컵을 애호박과 사과 두 그릇에 각각 추가합니다.

9 시나몬 가루 1½컵을 두 그릇에 각각 추가합니다.

10 육두구 가루 한 꼬집을 두 그릇에 각각 넣습니다.

11 타르타르 크림 2작은술을 두 그릇에 각각 넣습니다.

12 밀가루 ¼컵씩을 두 그릇에 각각 넣습니다.

13 두 그릇의 내용물이 잘 섞이도록 각각 저어 줍니다.

14 애호박파이 속을 파이 틀 하나에 붓습니다.

15 애플파이 속을 다른 파이 틀에 붓습니다.

● 파이 반죽하여 굽기

1 오븐을 200℃로 예열합니다.

2 믹서기에 밀가루 2컵, 설탕 1컵, 흑설탕 ½컵, 시나몬 3작은술, 소금 1작은술을 넣고 두 번 정도 돌립니다.

3 믹서기의 혼합물에 버터를 넣고, 마치 젖은 모래처럼 될 때까지 5~12번 정도 돌려줍니다.

4 이 혼합물을 두 개의 파이 틀 위에 절반씩 부어 줍니다.

5 파이 틀 두 개를 쿠키 철판 위에 놓습니다.

6 파이를 200℃ 오븐에 30분 동안 구워줍니다.

7 파이를 모두 꺼내어 식힙니다.

● 맛보기

1 가족이나 친구들을 초대해 두 개의 파이를 맛보게 합니다. 아, 두 파이에 대한 정체가 탄로 나면 재미 없겠죠?

2 이제 파이를 직접 맛보고, 관찰한 것과 결과를 정리합니다.

☑ 왜 그럴까요?

식품과학자들은 우리의 감각을 속이기 위해 향신료를 사용합니다. 우리는 시나몬, 육두구, 레몬, 설탕을 맛볼 때 자동적으로 애플파이를 떠올립니다. 거기에 사과가 전혀 들어 있지 않더라도 말입니다. 원래 음식을 흉내 낸 모조 식품들이 건강을 해치는 경우가 있긴 하지만, 그렇지 않은 것도 있습니다. 이 실험에서 우리가 건강한 채소를 사용한 것처럼요! 여러분이 방금 한 실험에서 가족들이 그 차이를 구별할 수 있었나요?

🧪 STEAM 연결고리

- 식품공학자들은 요리법에 나와 있는 재료가 없거나 구하기 힘들 때, 비슷한 맛을 내는 모방 식품을 만들어 냅니다. 공학자들이 그럴듯한 모방 식품을 만들어 내려면 맛의 과학을 충분히 이해해야겠죠?

➕ 좀 다르게 해볼까요?

저녁 식사로 간편한 스파게티나 편의점 음식을 먹어야 할 때, 거기에 토마토퓌레(과일이나 야채를 으깨어 걸쭉하게 만든 음식) 한 컵을 넣어 보세요. 여러분의 일상에 야채를 추가할 좋은 기회입니다.

✏ 가설

사람들이 진짜 애플파이와 가짜 애플파이를 구별할 수 있을 거라 생각하나요?

🔍 관찰

가짜 애플파이는 진짜 애플파이와 어떻게 다른가요?

📋 결과

사람들이 두 파이의 차이를 눈치챘나요?

23 우유에서 치즈가?!: 곰돌이 치즈 만들기

4학년 1학기 5단원 혼합물의 분리

실험 키워드: 치즈, 단백질 분리

필요한 도구

- 채반
- 채반보다 큰 그릇
- 무명천(치즈를 짜기 위해 사용하는 면)
- 탐침 온도계(클립 달린 클립 온도계, 바비큐 온도계)
- 냄비
- 가스레인지
- 스푼
- 계량컵, 계량스푼
- 구멍이 있는 국자(액체와 고체를 분리하는 여과국자)
- 접시
- 실리콘 사탕 모양 틀
- 4컵 분량의 액체 계량컵
- 플라스틱 보관 용기

어린이 혼자 하면 위험해요.
어른과 함께 실험해 보아요!

⭐ 난이도: 보통

👍 엉망진창 등급: 보통

◎ 언제 먹으면 좋을까요?: 점심, 저녁 식사 또는 간식으로

🕐 준비 시간: 재료 준비 5분

⧗ 실험 시간: 치즈 만들기 1시간, 치즈 굳히기 1시간 30분

👑 결과물: 작은 치즈 덩어리 1개 (약 ¾컵)

식품과학자들은 우유에서 물을 제거하여 치즈를 만듭니다. 이 실험에서는 열과 산을 사용하여 '케소 프레스코(Queso Fresco)'라는 치즈를 만듭니다. 케소 프레스코는 녹지 않는 치즈라서 튀기거나, 굽거나, 빵에 발라 먹으면 좋습니다. 그런데 이런 치즈의 식감과 맛은 어디서 오는 걸까요?

경고 가스레인지를 사용하거나 뜨거운 우유를 다룰 때는 어른의 관리감독이 필요합니다.

실험순서

1 큰 그릇 안에 채반을 넣습니다.

2 채반 위에 무명천을 4겹으로 접어서 깔아줍니다.

● 우유 가열해서 치즈 덩어리 만들기

1 빈 냄비의 안쪽 벽에 클립 온도계를 고정시킵니다(온도계가 냄비 바닥이나 옆면에 닿지 않은 채로 고정되어야 합니다).

2 냄비에 우유 2리터를 붓습니다.

3 중불로 우유를 데워 주세요. 1분마다 한 번씩 부드럽게 저으면서 15분 정도 데우다가, 우유가 74~85℃가 되면 불을 꺼 주세요.

4 우유에 식초 ⅓컵을 5~6번에 나누어서 천천히 붓고, 계속해서 부드럽게 저어 줍니다.

5 우유가 점점 투명해지면서 하얀 치즈 덩어리가 생기기 시작하나요? 관찰한 것들을 기록합니다.

6 치즈 덩어리(응유)와 우유의 남은 액체(유청)가 완전히 분리되도록 15분 정도 그대로 둡니다.

● 치즈 굳혀 완성하기

1 여과국자로 유청에서 치즈 덩어리를 떠내어 무명천에 올려 놓고, 치즈 위에 소금을 뿌립니다.

2 이 상태로 20분간 유청이 빠지도록 놓아둡니다. 치즈에 이물질이 들어가지 않도록 체 위에 접시를 덮어 줍니다.

3 스푼으로 치즈를 조금 떠서 곰돌이 모양의 실리콘 사탕 틀에 넣어 볼까요? 바로 지금이 치즈를 원하는 모양으로 만들 순간입니다!

4 무명천의 네 모서리를 함께 모아서 묶어 줍니다. 무명천 안에서 공처럼 된 치즈 덩어리는 채반에 그대로 둡니다.

5 4컵 분량의 액체 계량컵을 치즈 위에 놓고 유청이 더 빠져나가도록 눌러서 짜냅니다. 1시간 30분 동안 치즈가 굳게 놓아 둡니다.

6 깨끗한 손으로 무명천을 풀고 치즈를 플라스틱 저장 용기에 담습니다.

7 치즈의 맛을 보고, 결과를 기록합니다. 남은 치즈는 냉장고에 보관합니다.

식재료

● 우유 약 2리터
(지방을 제거하지 않은 우유,
저온살균 우유는 괜찮지만
초저온살균 우유는 안 됩니다)

● 식초 ⅓컵

● 소금 1작은술

가설

직접 만든 치즈의 식감과 맛은 어떨까요?

_____

_____

_____

_____

관찰

우유가 어떻게 치즈로 변해 가는지, 무슨 냄새가 나는지 기록하세요.

_____

_____

_____

_____

결과

여러분이 직접 만든 치즈의 식감을 표현해 보세요. 맛은 어떤가요?

_____

_____

_____

_____

_____

☑ 왜 그럴까요?

우유에 열을 가하고 산성인 식초를 첨가하면, 응유(단백질과 지방)와 유청(물)으로 분리됩니다. 치즈 덩어리, 즉 응유를 압착해서 남은 유청을 짜내고 치즈의 모양을 만듭니다. 이러한 과정에서 치즈의 맛과 식감이 결정됩니다.

🔬 STEAM 연결고리

- 치즈는 식품공학적인 측면에서 역사상 최초의 발견에 속합니다. 누군가가 실수로 우유를 상하게 해서 우연히 치즈가 만들어졌다고 믿는 역사학자도 있지만요. 믿거나 말거나입니다! 오늘날에는, 첨단 기술 덕택에 더욱 다양한 맛과 질감의 치즈를 만드는 것이 가능해졌답니다.

➕ 좀 다르게 해볼까요?

치즈를 만드는 실험이 재미있었나요? 그럼 치즈 만들기 세트를 구입해 보세요. 모짜렐라, 체다 등 인기 있는 치즈 제조 세트는 온라인에서 어렵지 않게 구할 수 있을 거예요.

최고의 맛, 마이야르 반응: 프렌치토스트

5학년 1학기 2단원 온도와 열
(실과) 5~6학년 성취 기준요소: 가정생활과 안전

실험 키워드: 마이야르 반응, 온도

 어린이 혼자 하면 위험해요.
어른과 함께 실험해 보아요!

- ⭐ 난이도: 보통
- 👍 엉망진창 등급: 적음
- ◎ 언제 먹으면 좋을까요?: 아침 식사로
- ⏱ 준비 시간: 프렌치토스트에 튀김옷을 입히는 5분
- ⌛ 실험 시간: 20분
- 👑 결과물: 아침 식사 2인분

🍴 필요한 도구

- ➡ 넓고 얕은 그릇
- ➡ 계량컵과 계량스푼
- ➡ 거품기 또는 포크
- ➡ 프라이팬 2개 (되도록이면 동일한 것)
- ➡ 가스레인지
- ➡ 주걱

 여러분은 프렌치토스트가 구워질 때, 어떻게 그런 먹음직스런 황갈색을 띠는지 궁금해한 적이 있나요? 이번 실험에서는, 단백질과 당분이 함께 가열될 때 일어나는 중요한 화학 변화인 마이야르 반응에 대해 알아봅니다. 프렌치토스트는 몇 도에서 갈색으로 변할까요?

🍲 식재료

- ➡ 달걀 2개
- ➡ 우유 ½컵
- ➡ 바닐라 ½작은술
- ➡ 육두구 ¼작은술
- ➡ 버터 2큰술
- ➡ 식빵 4장

 (경고) 가스레인지 위에서 요리를 하려면 어른의 감독이 필요합니다.

🧪 실험순서

1. 먼저 토스트용 반죽을 만들 거예요. 달걀 2개, 우유 ½컵, 바닐라 ½작은술, 육두구 ¼작은술을, 넓고 얕은 그릇에 넣고 거품기로 저어 줍니다.

2. 프라이팬 2개를 각각 가스레인지에 올리고, 버터 1큰술씩을 넣습니다.

3. 첫 번째 가스레인지는 약불로, 두 번째 가스레인지는 중불로 켭니다.

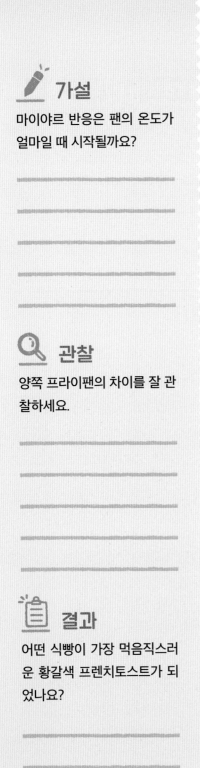

가설

마이야르 반응은 팬의 온도가
얼마일 때 시작될까요?

―――――――――

―――――――――

―――――――――

―――――――――

―――――――――

관찰

양쪽 프라이팬의 차이를 잘 관
찰하세요.

―――――――――

―――――――――

―――――――――

―――――――――

―――――――――

결과

어떤 식빵이 가장 먹음직스러
운 황갈색 프렌치토스트가 되
었나요?

―――――――――

―――――――――

―――――――――

―――――――――

―――――――――

4 프렌치토스트 반죽에 식빵 한 장을 담가 충분히 적시고, 약불 위의 프라이
팬 한쪽에 올려 놓습니다. 두 번째 식빵도 담가서 같은 프라이팬에 함께 올
립니다.

5 또 다른 식빵 2장도 반죽에 담갔다가 이번에는 중불 위의 프라이팬에 올립
니다.

6 4장의 프렌치토스트를 잘 관찰하다가, 아랫면이 황금빛 갈색으로 변하기
시작하면 뒤집어 줍니다.

7 관찰한 내용과 결과를 기록합니다.

☑ 왜 그럴까요?

마이야르 반응은 176℃에서 본격적으로 시작됩니다. 176℃ 이상이 되면, 당이
단백질을 구성하는 아미노산과 화학적으로 반응하여, 음식의 맛과 색을 바꾸
는 분자를 만들어내는 연쇄 반응이 시작되기 때문입니다.

STEAM 연결고리

- 과학자들이 화학 반응을 일으키는 최적의 온도를 알아낼 수 있는 것은 과학
기술이 접목된 '온도계'라는 기구 덕분입니다.

좀 다르게 해볼까요?

가스레인지를 강한 불로 놓고 프렌치토스트를 구워 보세요. 프렌치토스트가
타기 직전의 온도는 몇 도인가요?(이 실험에서는 온도계를 사용하지 않으므로, 구
워지는 소리 등으로 판단하세요. 적외선온도계로 구워지는 토스트의 온도를 재는 방법
도 있겠네요.)

25 갈변을 막아라: 시나몬 애플 팬케이크

어린이 혼자 하면 위험해요.
어른과 함께 실험해 보아요!

- ⭐ 난이도: 보통
- 👍 엉망진창 등급: 적음
- 🍩 언제 먹으면 좋을까요?: 아침 식사로

- 🕐 준비 시간: 사과를 썰고 물 끓이는 데 5분
- ⏳ 실험 시간: 15분
- 👑 결과물: 간식용 사과 1 또는 팬케이크 4개

 갈색으로 변한 사과를 좋아할 사람은 별로 없습니다. 이 실험에서는 공기 중에 노출된 사과가 갈색으로 변하는 것(보통 '갈변현상'이라고 합니다)을 늦추게 할 최선의 방법을 찾아봅니다. 레몬주스나 뜨거운 물이 사과의 갈변 속도를 늦추는 데 효과가 있을까요?

 (경고) 사과를 썰고, 물을 끓이고, 가스레인지 위에 팬케이크를 요리할 때는 어른의 감독이 필요합니다.

필요한 도구

- 계량컵
- 주전자
- 도마
- 칼 (사과 써는 용)
- 그릇 3개
- **팬케이크용(선택사항):** 4컵 분량 액체 계량컵, 계량스푼, 스푼, 팬케이크 프라이팬 혹은 철판, 가스레인지, 주걱

식재료

- 물 2컵
- 사과 1개
- 레몬주스 약 ½컵
- **팬케이크 재료(선택사항):** 팬케이크 믹스, 시나몬 1작은술, 물, 우유 또는 달걀

가설

레몬주스와 끓는 물 중 어느 쪽이 사과의 갈변 속도를 늦출 수 있을지 예측해 보세요.

관찰

사과 조각들이 어떻게 변하나요?

결과

어떤 사과가 가장 갈색이 되었나요? 반대로 가장 덜 변한 사과는요? 사과 맛은 어떤가요?

실험순서

1 **보호자** 주전자에 물 2컵을 부어 끓여 줍니다.

2 **보호자** 사과를 4등분합니다.

3 등분한 사과를 각각 2~8조각으로 얇게 썰어 줍니다.

4 사과 ¼을 첫 번째 그릇에 담고, 끓는 물을 붓습니다.

5 사과 ¼을 두 번째 그릇에 담고, 이번에는 레몬주스를 붓습니다.

6 사과 ¼을 세 번째 그릇에 담고, 대조군으로 삼기 위해 아무 것도 넣지 않습니다.

7 이 상태로 5분 동안 그릇에 놓아 둡니다. 기다리는 동안 남은 사과는 먹어도 괜찮습니다.

8 5분 후, 대조군으로 놓아둔 사과가 아직 갈색으로 변하지 않았으면 5분 더 기다립니다.

9 사과의 색과 맛에 대한 관찰 결과를 기록합니다.

☑ 왜 그럴까요?

다른 과일, 야채들과 마찬가지로 사과에는 효소가 풍부합니다. 효소는 화학 반응을 촉진하는 단백질입니다. 얇게 썬 사과가 갈색으로 변하는 이유는 사과 속의 화학 물질과 공기 중의 산소 사이의 반응을 효소가 촉매시킨 결과입니다. 그런데 레몬주스의 산과 끓는 물의 열은 이 효소에 변성을 일으켜서 사과의 갈변 반응을 느리게 만드는 것이랍니다.

🧪 STEAM 연결고리

- 음식이 보기 좋지 않다는 것은 결코 단순히 여길 문제가 아닙니다. 따라서 식품공학자들에게는 효소로 인한 골치 아픈 갈변현상을 멈추는 기술이, 음식이 가진 맛만큼이나 음식을 맛있어 보이게 하는 데 중요하답니다.

좀 다르게 해볼까요?

남은 사과 조각으로 애플 시나몬 팬케이크를 만들어 보세요. 팬케이크 믹스의 설명서에 따라 팬케이크 반죽을 만들고, 반죽에 시나몬 1작은술을 섞어 줍니다. 어른의 감독 아래 팬케이크를 굽고, 반죽이 부풀어 오르기 시작하면 팬케이크 위에 얇게 썬 사과 한 조각을 올려줍니다.

26 달걀 거품의 과학: 달콤한 머랭

어린이 혼자 하면 위험해요.
어른과 함께 실험해 보아요!

- ⭐ 난이도: 보통
- 🕐 준비 시간: 없음
- 👍 엉망진창 등급: 적음
- ⏳ 실험 시간: 준비 25분, 굽기 12분
- ◎ 언제 먹으면 좋을까요?: 간식으로
- 👑 결과물: 쿠키 20~30개

요리사들은 달걀흰자를 휘저어 거품을 만듭니다. 이 거품은 구웠을 때 훌륭한 질감을 선사합니다. 이 실험에서는 두 가지 방식으로 달걀 거품을 만들어서 거품의 단단함과 지속성을 비교합니다. 또한, 여러분은 마이야르 반응을 다시 한번 확인할 텐데요, 바로 오븐에서 아름다운 황갈색의 쿠키가 탄생할 때입니다. 자, 그런데 달걀흰자에 언제 설탕을 넣어야 더 단단한 거품이 될까요, 휘젓기 전? 또는 휘저은 후?

경고 스탠드믹서와 오븐을 사용할 때는 어른의 감독이 필요합니다. 날달걀은 먹지 않도록 합니다.

🍴 필요한 도구

- ➡ 오븐
- ➡ 오븐 장갑
- ➡ 쿠키 철판 2장
- ➡ 종이포일
- ➡ 큰 믹싱볼
- ➡ 스탠드믹서
- ➡ 계량컵
- ➡ 고무 주걱
- ➡ 스푼
- ➡ 타이머

🧺 식재료

- ➡ 달걀흰자 6개
- ➡ 소금 두 꼬집
- ➡ 설탕 1컵
- ➡ 무가당 코코넛 2컵
  (조각이나 가루)

실험순서

● 달걀 휘저은 후, 설탕 넣기

1 오븐을 190℃로 예열합니다. 쿠키 철판 2개를 나란히 놓고 위에 종이포일 한 장씩을 깔아 놓습니다.

가설

거품을 내기 전과 후, 언제 설탕을 넣어야 더욱 단단한 달걀 거품을 만들 수 있을지 예측해 보세요.

_____

_____

_____

_____

관찰

양쪽 달걀 거품의 높이를 기록하세요.

_____

_____

_____

_____

결과

어떤 방법이 더 단단한 거품을 만들었나요?

_____

_____

_____

_____

_____

2 믹싱볼에 달걀흰자 3개를 넣고, 스탠드믹서를 6~7분 정도 고속으로 돌립니다. 거품에서 윤이 나고, 단단한 봉우리 모양으로 변할 거예요.

3 소금 한 꼬집, 설탕 ½컵을 넣고 부드럽게 섞어 줍니다.

4 깨끗한 접시에 고무 주걱으로 달걀 거품을 최대한 높게 덜어 놓습니다.

● 달걀 휘젓기 전, 설탕 넣기

1 두 번째 믹싱볼에, 나머지 달걀 흰자 3개와 소금 한 꼬집을 넣고, 같은 방법으로 저어 줍니다.

2 거품이 생기기 시작하면, 남은 설탕 ½컵을 천천히 뿌리고 스탠드믹서를 본격적으로 작동시킵니다.

3 거품에서 윤이 나고 단단한 봉우리가 될 때까지 9~10분간 고속으로 계속 돌립니다.

4 깨끗한 접시에 고무주걱으로 달걀 거품을 최대한 높게 덜어 줍니다.

5 자로 양쪽 거품의 높이를 재서 기록합니다.

6 접시에 있던 거품은 다시 믹싱볼에 넣으세요.

● 장식하고 굽기

1 무가당 코코넛 2컵을 믹싱볼에 넣고, 부드럽게 섞어 줍니다.

2 종이포일을 깔아둔 쿠키 철판 위에 거품을 한 스푼씩 떨어뜨립니다. 여러분이 원하는 크기로 해 보세요.

3 쿠키를 12분 동안 오븐에 구워 내면 완성입니다.

4 오븐을 끄고 쿠키를 식힌 후 맛을 보세요.

☑ 왜 그럴까요?

달걀흰자에 있는 단백질은 휘저었을 때 거품을 형성합니다. 설탕 분자는 거품이 일어날 때 거품을 안정되게 유지시키는 역할을 하지만, 이미 거품이 형성된 후에는 효과가 없습니다. 따라서 달걀을 휘젓기 전에 설탕을 넣어야 단단한 거품을 만들 수 있겠죠?

🧪 STEAM 연결고리

- 달걀의 단백질을 휘저으면 단백질이 변성되어 공기를 감쌀 수 있게 되어 거품이 생기게 됩니다. 단백질의 변성 작용을 이해하는 것은 자연과 인체의 단백질을 연구하는 생화학자와 생물학자들에게 반드시 필요합니다.

➕ 좀 다르게 해볼까요?

달걀 거품을 잘 만드는 편인가요? 그렇다면 초콜릿 라즈베리 수플레 요리에 도전해 보세요. 라즈베리 잼에 들어 있는 펙틴 성분은 달걀 거품을 단단하게 유지해주는 것이니, 수플레 요리에 도전해볼 만하지 않을까요?

27 미래 에너지: 태양열로 구운 스모어

 실험 키워드: 태양 에너지, 태양열

필요한 도구

- 피자 상자처럼 뚜껑이 박스에 붙어 있는 상자 2개
- 가위 또는 다용도 칼
- 검정색 공작용 판지 2장
- 알루미늄포일
- 투명 비닐랩
- 테이프
- 온도계(기온을 잴 수 있는 온도계, 측정하는 데 오래 두어야 한다면 2개가 필요)

식재료

- 그레이엄 크래커(통밀 비스켓, 참크래커, 다이제, 에이스 등의 과자)
- 사각형 초콜릿 바
- 마시멜로

 어린이 혼자 하면 위험해요.
어른과 함께 실험해 보아요!

- ⭐ 난이도: 보통
- 👍 엉망진창 등급: 적음
- 🍩 언제 먹으면 좋을까요?: 간식으로
- 🕐 준비 시간: 종이상자 위에 창문 만드는 3분
- ⏳ 실험 시간: 외부 온도에 따라 1~2시간
- 👑 결과물: 먹고 싶은 분량의 스모어

 지구는 매일 태양으로부터 빛과 열, 즉 복사열을 흡수합니다. 이 태양 에너지는 대부분 사용되지 않지만, 공학을 이용한다면 스모어를 구워 낼 태양열 오븐을 만들 수 있습니다. 우리는 판지 상자로 태양열 오븐을 만들고, 여기에 태양열을 효과적으로 흡수할 수 있는 재료를 덧붙일 거예요. 아, 그런데 오븐 내부를 최대한 뜨겁게 만들려면 어떤 색을 써야 할까요?

 경고 실험의 1단계는 어른이 해야 합니다.

 실험순서

● 판지 상자 뚜껑에 창 만들기

1 👩 **보호자** 2개의 판지 상자 뚜껑에, 네 가장자리에서 5cm 정도 안쪽으로 사각형 창을 그리고 칼이나 가위로 오려 냅니다.

● 태양열을 흡수할 재료 붙이기

1 첫 번째 상자의 안쪽 면에 검정색 공작용 판지를 붙입니다.

2 두 번째 상자의 안쪽 면에는 알루미늄포일을 붙입니다.

3 각각의 창문에는 투명 랩을 씌우고 테이프로 고정합니다.

● 스모어 만들어 오븐에 굽기

1 두 개의 태양열 오븐 상자 안에 크래커를 똑같이 깔아 줍니다.

2 크래커 위에 사각 초콜릿을 하나씩 올립니다.

3 초콜릿 위에 마시멜로를 올립니다.

4 태양열 오븐의 뚜껑을 모두 닫습니다.

5 뜨거운 햇살이 비치는 야외에 두 개의 태양열 오븐을 놓아 둡니다.

6 한 시간 동안, 5분 간격으로 두 오븐의 온도를 측정합니다. 관찰한 내용과 결과를 기록합니다.

☑ 왜 그럴까요?

검은색은 복사열을 흡수합니다. 반면에 알루미늄포일처럼 표면에서 반사를 일으키는 물체는 복사열을 반사합니다. 따라서 바닥은 검은 종이로 열을 흡수하도록 하고, 윗면은 알루미늄포일처럼 열을 반사하는 것으로 태양열 오븐을 만드는 것이 가장 효과적입니다.

🎇 STEAM 연결고리

■ 지구는 매일 태양으로부터 엄청난 양의 복사열을 흡수합니다. 검은색의 태양 전지판은 태양의 복사 에너지를 흡수하여 사람들이 사용할 수 있는 전기 에너지로 바꾸는 장치입니다.

➕ 좀 다르게 해볼까요?

기본적인 태양열 오븐을 만들어 보았으니, 이제 빛을 흡수하는 검은 종이와 반사 성질이 있는 알루미늄포일을 이용한 디자인을 설계해 보세요. 그리고, 나만의 스모어 요리를 만들어 보세요. 그레이엄 크래커 대신 어떤 크래커도 괜찮습니다. 흔한 사각 초콜릿 바 대신 땅콩버터 초콜릿 컵이나 색다른 맛의 초콜릿을 사용하면 어떨까요?

✏️ 가설

검정색 판지를 붙인 상자와 알루미늄포일을 붙인 상자 중 어느 쪽이 더 뜨거운 태양열 오븐이 될까요?

_____

_____

_____

_____

🔍 관찰

오븐에서 스모어가 구워지는 과정을 관찰하고 기록하세요. 제일 먼저 녹는 것은 무엇인가요?

_____

_____

_____

_____

📋 결과

어떤 태양열 오븐이 더 뜨거운가요? 오븐 안의 온도는 각각 몇 도였나요?

_____

_____

_____

_____

28 맛있는 건축: 지오데식 젤리 돔*

4학년 1학기 4단원 물체의 무게
(수학) 6학년 1학기 2단원 각기둥과 각뿔

실험 키워드: 기하학, 다각형, 다면체, 힘의 분산

 어린이 혼자 하면 위험해요.
어른과 함께 실험해 보아요!

- ⭐ 난이도: 쉬움
- 🕐 준비 시간: 없음
- 👍 엉망진창 등급: 보통
- ⏳ 실험 시간: 첫날 30분, 다음날 15분
- 🍩 언제 먹으면 좋을까요?: 간식으로
- 👑 결과물: 디저트 2인분

 ## 필요한 도구

- ➡ 접시 2개
- ➡ 이쑤시개 1박스

 건축공학기술자들은 건물의 각 부분이 어떻게 무게를 견뎌낼지 고려해야 합니다. 건물의 구조를 이루는 기둥이 건물의 무게를 지탱합니다. 건물이 오랜 시간 안전하게 제 형태를 유지하려면 건물에 가해지는 힘을 고르게 분산해야 합니다. 여러분은 사각형, 삼각형 중 어떤 형태가 무게를 지탱하는 데 유리할 거라고 생각하나요?

 ## 식재료

- ➡ 큰 봉지에 많이 담긴 젤리(말랑말랑한 츄어블 캔디도 사용할 수 있습니다)

 경고 이쑤시개처럼 날카로운 물체는 항상 멀리하도록 하세요. 젤리를 먹으려면 실험하기 전에 손을 깨끗이 씻으세요. 이쑤시개를 꽂았던 젤리는 먹지 마세요. 남은 파편이 있을지도 모르니까요.

🧪 실험순서

● 사각형 젤리 돔

1 첫 번째 접시 위에, 젤리 4개를 정사각형으로 배치합니다.

---

* 지오데식 돔(Geodesic Dome)은 지오데식 다면체로 이루어진 반구형 또는 바닥이 일부 잘린 구(求)형의 건축물입니다.

가설

어떤 돔 디자인이 더 견고할까요? 사각형? 삼각형?

_____

_____

_____

_____

_____

관찰

각각의 돔 구조물이 몇 권의 책까지 견뎌 내나요?

_____

_____

_____

_____

_____

결과

어떤 돔 디자인이 더 튼튼했나요?

_____

_____

_____

_____

_____

_____

_____

2 4개의 젤리 사이에 이쑤시개 4개를 단단히 꽂아 연결합니다. 젤리가 연결된 사각형이 바닥에 평평하게 놓이도록 하세요.

3 각 젤리에 이쑤시개 1개씩을 수직으로 꽂습니다.

4 수직의 이쑤시개 위에 젤리 1개씩을 꽂고, 이쑤시개 4개로 위에 있는 젤리들을 사각형으로 연결합니다. 이제 젤리로 된 정육면체가 만들어졌습니다.

5 이렇게 만든 사각형 젤리 돔을 하룻밤 그대로 놓아둡니다.

● 삼각형 젤리 돔

1 두 번째 접시에, 5개의 젤리를 오각형으로 배치합니다.

2 이쑤시개 5개를 각각의 젤리에 꽂아, 정오각형이 되게 연결합니다. 마찬가지로 오각형이 바닥에 평평하게 놓여야 합니다.

3 오각형 중 이웃하는 2개의 젤리 위에, 이쑤시개 2개를 비스듬하게 꽂아서 삼각형이 되게 하고, 위에 젤리 1개를 꽂아 고정시킵니다.

4 오각형 젤리에 이 작업을 반복해서 5개의 삼각형을 만들고, 각 삼각형 위에 꽂힌 젤리가 5개인지 확인합니다.

5 5개의 이쑤시개로 위에 있는 젤리 5개를 오각형으로 연결합니다.

6 이쑤시개 5개를 위층에 있는 5개의 젤리에 각각 꽂아서 모두 오각형의 정 가운데를 향하도록 하고, 마지막 젤리 하나를 정 중앙에 모인 이쑤시개들의 끝에 꽂아 고정합니다.

7 이렇게 만든 삼각형 젤리 돔을 하룻밤 그대로 놓아둡니다.

8 두 개의 젤리 돔 구조물이 굳어서 이쑤시개가 젤리 안에 단단히 박혀 있나요? 그럼 이제 힘의 분산 실험을 해 볼까요? 젤리 돔 위에 책들을 올려 놓고, 어느 쪽이 더 많은 책들을 견뎌 내는지 관찰한 후, 내용과 결과를 기록합니다.

☑ 왜 그럴까요?

여러분이 만든 돔 구조물을 살짝 멀리서 보면 둥근 구형으로 보이지 않나요? 엄밀히 말하면 수학자들은 그것을 다면체라고 부릅니다. 다면체는 수많은 평면들(이 경우에는 삼각형)이 모여서 마치 피라미드와 같은 3차원 구조를 만들어 냅니다. 다면체는 많은 평면들로 인해, 구조물 전체로 무게가 고르게 분산되기 때문에 매우 견고합니다.

🔬 STEAM 연결고리

- 건축공학기술자들은 설계할 때 수학을 자주 사용합니다. 특히 이 실험에서는 도형을 다루는 수학인 기하학을 사용했습니다.

➕ 좀 다르게 해볼까요?

젤리를 더 많이 사용해서 큰 돔 구조물을 만들어 보세요. 돔을 올리기 전에 바닥의 기초가 될, 여러분이 만들 수 있는 가장 큰 다각형을 생각해 보세요! 팔각형(8면), 십각형(10면) 또는 12각형(12면)도 가능할까요?

29 간식 발사!: 마시멜로 투석기

5학년 2학기 4단원 물체의 운동
6학년 2학기 5단원 에너지와 생활

실험 키워드: 지렛대, 탄성력, 투석기

 어린이 혼자 하면 위험해요.
어른과 함께 실험해 보아요!

★ 난이도: 보통
👍 엉망진창 등급: 보통
🍩 언제 먹으면 좋을까요?: 간식으로

🕐 준비 시간: 없음
⏳ 실험 시간: 30~60분
👑 결과물: 마시멜로 넣은 핫초코 1컵 이상

필요한 도구

➡ 큼직한 머그잔 여러 개
➡ 큰 테이블
➡ 플라스틱 스푼 및 포크 (다른 모양으로 여러 개)
➡ 나무 꼬치(12개)
➡ 테이프
➡ 고무줄 5개

❓ 공학자는 작업을 편리하게 해주는 기계를 발명합니다. 간단하게, 지렛대를 알아볼까요? 한쪽 끝에 무거운 물체를 놓고, 다른 쪽은 사람이 누르게 만든 지지대가 있는 막대기를 지렛대라고 합니다. 사람이 지렛대의 한쪽 끝을 누르면 반대쪽의 물체가 들어 올려집니다. 이 지렛대의 원리로 마시멜로를 허공에 쏘아올려 핫초콜릿 컵으로 골인시키는 실험을 할 겁니다. 그렇게 하려면 지렛대를 어떻게 설계해야 할까요?

식재료

➡ 큰 마시멜로 1봉지
➡ 핫초코 믹스(만들고 싶은 핫초코 분량만큼)

❗ 경고 꼬치 끝이 뾰족하니 조심하세요. 꼬치에 꽂았던 마시멜로는 먹지 마세요. 안에 뾰족한 나무 조각이 남아 있을 수도 있습니다.

 ## 실험순서

● 투석기에 사용할 스푼 테스트하기

1 커다란 테이블 위에 제일 큰 머그잔을 준비해 주세요.

가설

마시멜로를 쏘아 올릴 지렛대의 디자인을 예상해서 그려 보세요.

 관찰

어떤 것이 잘 되고, 어떤 것이 잘 안 되는지 기록합니다.

결과

실험에 성공한 지렛대의 디자인을 그립니다.

2 테이블의 한쪽 끝에 서서 플라스틱 스푼이나 포크 위에 마시멜로 하나를 올려 놓습니다.

3 한 손으로는 스푼 손잡이를 단단히 누르고, 다른 손으로 마시멜로가 담긴 스푼을 아래로 잡아당겼다가 튕기듯 놓아줍니다. 마시멜로가 튕겨져 날아가나요?

4 미리 준비한 다른 모양의 플라스틱 스푼, 포크들을 가지고 발사 실험을 계속합니다. 마시멜로를 컵 속에 골인해 보세요.

● **투석기 만들기**

1 발사가 가장 잘 되는 스푼이나 포크 손잡이를 찾았나요? 그것을 나무 꼬치에 테이프로 칭칭 감습니다.

2 마시멜로와 꼬치, 고무줄로 투석기를 어떻게 만들어야 할지 생각해 보세요. 투석기의 발사되는 쪽 끝이 앞뒤로 움직일 때 스푼-꼬치의 손잡이쪽 끝은 단단하게 고정되어야겠죠?

3 생각한 대로 만들어 보고, 테스트해 봅니다. 다시 만들어야 될 수도 있어요. 아마 마시멜로가 방 안 여기저기에 떨어지겠지만, 제대로 잘 하고 있는 겁니다. 진행 과정에 따라, 관찰한 결과를 기록합니다.

4 자, 이제 투석기가 제대로 작동한다면

5 🧑 **보호자** 핫초코 한 컵을 준비합니다. 마시멜로를 잘 발사해서 컵에 골인해 보세요.

6 맛있게 즐기며 결과를 기록합니다.

☑ **왜 그럴까요?**

지렛대의 한쪽 끝을 아래로 누르면 반대쪽 끝은 위로 올라갑니다. 여러분이 마시멜로가 담긴 스푼을 아래로 잡아당긴 것은 바로 지렛대의 반대쪽 끝을 아래로 누르는 것과 같은 원리입니다. 그 힘으로 숟가락 끝에 있는 마시멜로가 발사된 것이지요.

STEAM 연결고리

- 마시멜로와 지렛대의 원리 같이, 물질과 에너지(마시멜로를 발사하기 위해 숟가락을 뒤로 젖히는 힘)를 탐구하는 과학은 물리학입니다. 공학자는 기계를 설계할 때 물리학을 활용하고, 기계가 어떻게 작동할지 예측하기 위해 수학을 사용합니다.

좀 다르게 해볼까요?

다른 음식들도 발사해 보세요. 포도알처럼 마시멜로보다 무거운 것들에도 지렛대가 잘 작동할까요? 큰 마시멜로보다 작은 마시멜로가 더 멀리 발사될까요?

30 달콤한 나의 집: 생강빵 하우스

4학년 1학기 4단원 물체의 무게
(수학) 4, 5, 6학년 도형 단원

실험 키워드: 기하학, 힘의 분산

필요한 도구

- 큰 믹싱볼 2개
- 계량컵 및 계량스푼
- 스탠드믹서
- 고무 주걱
- 투명 비닐 랩
- 마분지
- 가위
- 칼
- 테이프
- 종이포일
- 쿠키 철판 2개
- 도마
- 밀대
- 오븐
- 오븐 장갑

어린이 혼자 하면 위험해요.
어른과 함께 실험해 보아요!

⭐ **난이도: 쉬움**
(생강빵 믹스가 있고, 집 형태를 정한 경우) 또는 어려움(직접 생강빵을 굽고, 아이싱을 만들고, 집 형태를 직접 디자인하는 경우)

👍 **엉망진창 등급: 보통**

◉ **언제 먹으면 좋을까요?: 간식으로**

🕐 **준비 시간:** 부모님들은 실험 전날 밤에 어린 과학자들을 위해 생강빵 반죽을 준비하고, 마분지를 오려 집을 구성할 조각을 잘라주세요. 아마 부모님들도 직접 반죽을 만들면서, 건축 양식을 연구하고 세상에 하나뿐인 생강빵 하우스 디자인을 즐기게 될 겁니다.

⧗ **실험 시간: 3시간**

👑 **결과물:** 생강빵 하우스 1채(4~8인분)

참고사항

아이싱(icing)은 설탕을 주로 쓴 달콤한 혼합물을 말하며, 페이스트리, 쿠키 등을 채우고 입히는 데 사용됩니다. 보통 버터나 생크림, 우유, 달걀, 파우더슈가 등 다양한 향미를 혼합시켜 만드는데, 프로스팅(frosting)과 유사합니다. 프로스팅이 버터 크림 형태로 두껍고 폭신해서 케이크와 컵케이크에 적합한 반면, 아이싱은 얇고 광택이 나는 크림으로 평평한 표면을 장식할 때 사용합니다. 아이싱은 쿠키나 도넛에 많이 사용됩니다.

지식 모아보기

과자에 설탕 옷을 입혀 장식하는 것을 '로열 아이싱'이라고 합니다. 이 로열 아이싱에는 달걀흰자가 들어가는데 익히지 않은 날 것을 사용하기 때문에 살모넬라균에 감염될 위험이 있습니다. 안전을 위해서 '살균 달걀'을 찾아 구매하는 것이 좋습니다. 참고로 달걀의 노른자는 70℃, 흰자는 63℃에서 응고하는데요. 살모넬라균은 60℃에서 5분 이상 가열해야 죽는다고 하니, 사실상 달걀을 집에서 직접 살균하기에는 좀 까다롭습니다.

건축은 공학이면서도 예술의 영역입니다. 집을 비롯한 다양한 건축 구조물을 설계하고 건설합니다. 이 실험에서는 생강빵(진저브레드) 하우스를 설계하고 직접 만들면서, 건물의 안정성과 형태에 관한 여러분의 지식을 최대한 이끌어내야 합니다. 생강빵 하우스의 지붕과 벽은 어떤 형태로 만들어야 가장 안정적일까요?

경고 오븐 사용 시 어른의 관리감독이 필요합니다.

🧪 실험순서

1 생강빵 반죽을 만들고, 냉장고에서 하룻밤 놓아둡니다(뒤에 나오는 '생강빵 반죽하기' 순서를 참고).

● 생강빵 하우스를 설계하고, 기본 조각들을 만들기

1 산책하면서 근처 집들의 모양을 살펴보고, 책과 인터넷에서 집의 형태에 관해 찾아보세요. 특히 마음에 드는 집의 앞 모습, 옆, 뒤, 지붕의 모습들을 눈여겨 보세요.

식재료

➡ **생강빵(진저브레드):**
박력밀가루 5컵,
베이킹소다 1작은술,
소금 1½작은술,
생강 4작은술,
시나몬 4작은술,
정향가루 1½작은술,
육두구 2작은술,
실온의 무염버터 1컵
(막대형 2개), 흑설탕 1컵,
달걀 2개, 당밀 1½컵

➡ **로열 아이싱:**
정제설탕 500g,
저온 살균된 달걀흰자 3개,
실온의 타르타르 크림
½작은술

가설

생강빵 하우스의 지붕과 벽의 모양을 어떻게 하면 가장 오래 버틸 수 있을지 추측해 보세요.

―――――――――

―――――――――

―――――――――

―――――――――

―――――――――

관찰

제대로 된 디자인이 나오려면 무엇을 고쳐야 할까요?

―――――――――

―――――――――

―――――――――

―――――――――

결과

결국 여러분이 고른 생강빵 하우스는 어떤 모양인가요?

―――――――――

―――――――――

―――――――――

―――――――――

2 마분지를 오려서 집의 형태를 만들 조각들을 준비합니다. 제대로 된 형태가 나오려면 이 단계를 여러 번 반복하게 될 거예요. 가장 기본적인 A자형 집은 130페이지에 있는 사각형 지붕(8x8cm) 2개와 앞, 뒷벽의 삼각형(8x8x6cm) 2개입니다.

3 오려낸 마분지 조각들을 테이프로 붙여 보고, 원하는 디자인이 만들어지면 테이프를 떼어 냅니다.

● 반죽으로 기본 형태 만들어 굽기

1 냉장고에서 생강빵 반죽을 꺼냅니다.

2 오븐을 180℃로 예열합니다. 2개의 쿠키 철판 위에 종이포일을 한 장씩을 깔아 놓습니다.

3 밀가루를 조리대나 도마 위에 뿌린 후, 밀대를 굴려 생강빵 반죽을 약 1cm 두께로 만듭니다. 밀대가 부드럽게 밀리지 않으면 손으로 몇 분 정도 더 치대야 할 수 있습니다.

4 어른이 보는 곳에서 마분지 조각들을 생강빵 위에 놓고, 각각의 모양에 따라 생강빵을 칼로 자릅니다.

5 잘라낸 생강빵 조각들을 종이포일 위에 잘 배치합니다. 생강빵을 10~14분 정도 구워 줍니다. 적당히 굳어서 표면에 살짝 금이 생기면 완성입니다.

● 로열 아이싱 만들기

1 생강빵이 구워지는 동안, 로열 아이싱을 만듭니다. 정제설탕 500g, 실온 상태에 놓아둔 살균 달걀흰자 3개, 타르타르 크림 ½작은술을 넣고 빠른 속도로 7~10분간 저어 줍니다.

2 아이싱을 이용해서 도안대로 생강빵 조각들을 연결합니다.

3 여러분이 설계한 생강빵 하우스에 아이싱으로 사탕 장식을 붙여 보세요.

● 생강빵 반죽하기

1 큰 믹싱볼에 밀가루 5½컵, 베이킹소다 1작은술, 소금 1½작은술, 생강 4작은술, 시나몬 4작은술, 정향 1½작은술, 육두구 2작은술을 넣고 섞어 줍니다.

2 또 다른, 믹서 사용이 가능한 믹싱볼에 실온에 있던 무염버터 1컵과 흑설탕 1컵을 스탠드믹서로 섞어 줍니다.

3 2단계 믹싱볼에 달걀 2개와 당밀 1½컵을 넣고, 서로 뭉칠 때까지 중간 속도로 섞어 줍니다.

4 1단계 큰 믹싱볼과 2단계 큰 믹싱볼의 반죽을 합쳐 잘 섞어줍니다.

5 고무 주걱을 사용해서 반죽을 3덩어리로 나눈 후, 각 덩어리들을 랩으로 단단히 감싸서 하룻밤 냉장 보관합니다.

☑ 왜 그럴까요?

삼각형과 직사각형은 건물의 무게가 직선을 따라 균일하게 분산되기 때문에 튼튼한 내력벽*의 역할을 합니다. 수학은 도형에 따라 무게가 어떻게 분산되는지 이해하는 데 도움이 됩니다.

🧪 STEAM 연결고리

- 설계과정은 공학이 성공하기 위해 가장 중요한 부분입니다. 여러분은 생강빵 하우스의 마분지 모형을 만들면서 온통 디자인 생각에 푹 빠져들었습니다. 모형이 실패할 때마다 여러분은 성공적인 디자인에 한발 더 다가간 것입니다. 실패해도 계속 노력하는 것, 그것이 바로 여러분을 훌륭한 공학자로 만든답니다!

좀 다르게 해볼까요?

건축물의 형태를 연구하면서 여러분의 상상력을 펼쳐 보세요! 여러분의 생강빵 하우스에 굴뚝이나 현관을 만들면 어떨까요? 마분지를 사용해서 여러분이 원하는 집이 될 때까지 모양을 만들고 계속 고쳐 나갑니다. 포기하지 마세요! 여러분이 고치고 바꿀 때마다 디자인은 점점 더 튼튼해지고 좋아질 테니까요.

* 내력벽이란, 건축물에서 구조물의 무게를 견디어 내기 위하여 만든 벽을 말합니다.

지붕(2개를 만들어요)

앞, 뒷벽(2개를 만들어요)

알아두면 쓸모 있는 상식:
조지 워싱턴 카버의 업적

조지 워싱턴 카버(George Washington Carver)는 그가 실제로 발명하지도 않은 음식으로 유명해진 사람입니다. 바로 땅콩버터입니다. 땅콩버터를 발명한 사람은 아니지만, 그는 식물학자로서 땅콩을 미국에서 가장 인기 있는 음식의 재료로 만들었습니다.

조지 워싱턴 카버는 남북전쟁 중에 노예의 자식으로 태어났습니다. 노예제도는 1865년 폐지되었습니다. 카버는 호기심이 많고 열심히 공부하는 아이였습니다. 그는 아이오와 주립대학교에 입학한 최초의 흑인 학생이 되었고 나아가, 식물학 석사학위를 받았습니다.

카버는 과학자로서 식량작물이 되는 식물을 연구했습니다. 그는 농부들이 수년 동안 같은 땅에서 같은 작물을 재배했을 때, 토양이 황폐화되고 농작물이 더 이상 자라지 않는다는 것을 알게 됐습니다. 그는 해결책을 연구하기 시작했고, 농부들에게 매년 다른 작물을 심도록 가르쳤습니다. 또한, 그는 다시 흙을 건강하게 만드는 식물들이 있다는 것을 발견했습니다. 그중 하나가 땅콩입니다. 그는 땅의 지력(地力)을 회복하게 만드는 땅콩 재배를 독려하기 위해, 땅콩 비누와 땅콩 우유를 포함한 300개 이상의 땅콩 제품을 발명했습니다. 그 결과, 미국 내 모든 농장에서 땅콩을 재배하게 되었고, 미국인들은 땅콩버터(마르첼로 길모어 에드슨, 존 하비 켈로그, 암보로시 스트라우브가 발명)를 좋아하게 되었습니다.

이제 여러분은 땅콩버터의 달콤하고 짭짤한 맛을 즐길 때마다, 그 땅콩이 건강한 토양에서 자랐다는 사실을 떠올릴 수 있겠지요?

예술

식품과학자들이 음식에 예술 요소를 가미할 때 음식은 더욱 다채로 워집니다. 창의적인 요리사의 손길이 닿은 음식은 화려한 색으로 살아나고 아름답게 장식됩니다.

이 단원에는 식품과학에서 예술을 경험할 수 있는 다양한 실험이 있습니다. 우선 우리는, 두 개의 실험에서 사탕을 만들어 봅니다. 다양한 온도에서 설탕을 녹이고, 여러 가지 재료들과 혼합하기도 합니다. 이어지는 네 개의 실험에서는 음식에 염료로 색상을 입힙니다. 여러분은 직접 색을 혼합하고, 채소로 천연염료를 만드는 방법도 배우게 됩니다. 또한 과일과 꽃, 균류를 해부하는 방법을 배우고, 사람 얼굴을 닮은 감자를 만들면서 음식 데코레이션의 세계를 경험하게 될 것입니다.

실험을 하면서 음식의 질감과 색깔이 어떻게 바뀌어 가는지 눈여겨보길 바랍니다. 온도가 설탕을 어떻게 상태 변화시키는지 이해하는 것은 사탕 전문가가 되는 데 필요한 중요한 기술입니다. 채소로 식용색소를 만들어낼 수 있다면? 와우! 여러분은 음식 데코레이션 대회까지 나갈 수 있는 수준에 이른 것입니다. 하지만 진짜 중요한 것은 여러분 자신이 만든 맛있고 창의적인 음식을 즐길 줄 아는 것이랍니다!

31 결정을 품은 암석: 초콜릿 록 사탕

4학년 2학기 4단원 화산과 지진
5학년 1학기 4단원 용해와 용액

실험 키워드: 지오드, 결정, 용암

필요한 도구

- 프라이팬
- 계량컵
- 스푼
- 가스레인지
- 실리콘 사탕 틀
- 전자레인지
- 접시
- 그릇 2개

식재료

- 설탕 1컵
- 물 ⅓컵
- 식용색소
- 화이트 초콜릿 칩 1컵
- 밀크 초콜릿 또는 다크 초콜릿 칩 1컵

어린이 혼자 하면 위험해요.
어른과 함께 실험해 보아요!

- ★ 난이도: 어려움
- 👍 엉망진창 등급: 보통
- 💍 언제 먹으면 좋을까요?: 간식으로
- 🕐 준비 시간: 없음

- ⌛ 실험 시간: 설탕 용액 준비 30분, 결정 만들기 2~5일, 초콜릿 코팅 30분
- 👑 결과물: 큰 사탕 10개

자연적으로 형성된 아름다운 암석, 지오드(Geode, 정동석)는 뜨거운 액체 상태에서 시작되었습니다. 액체가 식으면서 결정(크리스털)이 형성되고, 반짝이는 암석으로 굳어졌습니다. 이 실험에서, 우리는 이와 비슷한 구조의 록 사탕을 만들 거예요. 여러분은 크리스털이 어떤 모양이라고 생각하나요? 크리스털의 각 결정을 눈으로 확인할 수 있을까요?

지식 모아보기

화산활동으로 흘러내린 용암은 굳어지는 과정에서 속이 빈 화산암을 만들어 냅니다. 그 빈 공간에 독특한 결정이 형성되는데, 이것을 우리는 '지오드'라고 부릅니다. 즉, 보석을 품은 암석인 셈이지요. 인터넷으로 지오드 이미지를 검색해 보면 쉽게 이해할 수 있어요. 우리도 실험에서 인내심을 가지고 기다려 보면, 사탕 속에 설탕 결정이 만든 아름다운 지오드를 볼 수 있습니다. 기대할 만하지요?

경고 가스레인지를 사용할 때와 녹인 뜨거운 초콜릿을 다룰 때는 어른의 관리감독이 필요합니다.

실험순서

● 설탕 용액 만들기

1 프라이팬에 설탕 1컵과 물 1컵을 붓습니다.

2 프라이팬을 가스레인지에 올린 후, 중약불로 켜고 천천히 저어 설탕을 녹입니다. 10분이 넘게 걸릴 수도 있지만 지루해도 참고 저으세요! 설탕이 완전히 녹아서 알갱이가 없어지는 상태가 됐나요? (팬 가장자리에 설탕 덩어리가 남아 있을 수는 있어요)

3 불을 끄고 뜨거운 설탕 용액을 잠깐 식혀 줍니다.

● 색소를 넣은 후, 사탕으로 굳히기

1 프라이팬에 든 뜨거운 설탕 용액에 식용색소 5방울을 섞어 줍니다.

2 뜨거운 설탕 용액을 사탕 틀에 붓습니다.

3 사탕 틀을 상온에 2~3일 동안 놓아 두면 서서히 굳어서 결정이 형성되기 시작합니다. 하루에 한 번씩 깨끗한 손가락으로 딱딱해지고 있는 사탕의 윗면을 콕콕 찔러주세요. 이렇게 하면 사탕의 표면이 부서지면서 굳는 속도가 더 빨라집니다.

4 사탕이 바닥까지 충분히 굳으면 사탕 틀에서 쉽게 떨어지지만, 덜 굳은 상태라면 사탕 틀에 설탕 용액이 남게 됩니다. 잘 굳은 사탕 조각들을 떼어내서 깨끗한 접시에 옮겨 좀 더 굳히며 관찰합니다.

● 화이트초콜릿 입히기

1 그릇 하나에 화이트 초코칩 한 컵을 넣고 전자레인지에 30초간 데워서 스푼으로 저어 줍니다. 초콜릿이 아직 덜 녹았으면 좀 더 녹이고 저어 줍니다.

가설

여러분이 만들 사탕의 지오드에서 설탕 결정이 어떻게 보일지 예측해 보세요.

_____
_____
_____
_____

관찰

실리콘 틀에서 처음 사탕을 떼어냈을 때 사탕의 지오드가 어떤 모양이었는지 설명해 보세요.

_____
_____
_____
_____
_____

결과

사탕 내부의 지오드 결정이 처음에 생각했던 모습이었나요?

_____

_____

_____

_____

_____

2 사탕을 녹은 화이트초콜릿에 하나씩 담궈 초콜릿을 묻히고 깨끗한 접시에 옮겨 건조시킵니다.

3 사탕이 완전히 굳었나요? 굳은 사탕을 스푼으로 깨트려서 지오드 내부를 관찰하고, 결과를 기록합니다.

 왜 그럴까요?

사탕의 지오드는 실제 자연에서 지오드가 형성되는 것과 같은 원리로 만들어집니다. 설탕 용액과 같은 액체(녹은 상태의 자수정, 오팔, 마노 등의 보석 광물)는 식으면서 분자들이 규칙적인 모양을 만듭니다. 그렇게 조직적인 패턴으로 이루어진 고체 분자들이 바로 결정이랍니다.

STEAM 연결고리

- 지질학자들은 암석을 연구하는 지구과학자입니다. 지질학자는 암석이 어떻게 형성되는지를 연구함으로써 지오드와 갖가지 진귀한 보석들을 발견하고 식별할 수 있습니다.

좀 다르게 해볼까요?

온라인에서 다양한 형태의 지오드를 검색해 보세요. 또, 다른 색깔의 초콜릿을 입혀서 다양한 사탕 지오드를 만들어 보세요.

32 놀라운 스테인드글라스: 소용돌이 사탕

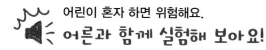
어린이 혼자 하면 위험해요.
어른과 함께 실험해 보아요!

⭐ 난이도: 어려움   🕐 준비 시간: 없음

👍 엉망진창 등급: 보통   ⏳ 실험 시간: 2시간

👊 언제 먹으면 좋을까요?: 간식으로   👑 결과물: 딱딱한 사탕 4컵

식품과학자들은 설탕에 여러 가지 재료를 첨가하여 다양한 종류의 사탕을 만들어 냅니다. 이 실험에서는 두 가지 방법으로 유리 같은 사탕을 만들려고 합니다. 설탕과 물로 만든 사탕, 그리고 여기에 여러 재료를 추가한 사탕, 어느 쪽의 식감이 더 부드러울까요?

(경고) 이 실험은 처음부터 끝까지 어른이 지켜보아야 합니다. 뜨거운 설탕을 다룰 때마다 오븐 장갑과 앞치마를 착용하세요. 뜨거운 설탕을 팬에 부으면 팬이 매우 빨리 뜨거워집니다. 설탕이 식을 때까지 만지지 말고, 그대로 놓아 두세요. 딱딱한 사탕의 날카로운 모서리를 조심하세요. 바닥에 떨어져 굳은 사탕 자국은 물에 5분 정도 불리면 잘 닦입니다.

🧪 실험순서

1 케이크 팬 2개에 식용유를 고르게 입혀줍니다.

🍴 필요한 도구

- ➡ 23 x 33cm 크기의 케이크 팬 2개(납작한 사각 케이크 틀)
- ➡ 계량컵, 계량스푼
- ➡ 주전자
- ➡ 클립이 달린 탐침 온도계
- ➡ 손잡이가 긴 스푼
- ➡ 가스레인지
- ➡ 오븐 장갑
- ➡ 식탁용 나이프

🍲 식재료

- ➡ 식용유
- ➡ 물 2컵
- ➡ 설탕 3½컵
- ➡ 식용색소(일반 또는 젤 타입)
- ➡ 옥수수 시럽 ½컵
- ➡ 타르타르크림* ⅛작은술

---

* '크림 오브 타르타르' 혹은 줄여서 '크림타타'라고 말하기도 합니다. 주석산이라고 불리기도 하며, 포도과즙을 발효시켜 산으로 만든 것으로 무색 또는 백색이며 청량한 신맛이 납니다.

가설

설탕과 물로 만든 용액과, 여기에 옥수수 시럽, 타르타르크림을 더 넣은 용액, 어느 쪽이 더 부드러운 사탕이 될까요? 왜 그렇게 생각하나요?

_____

_____

_____

_____

🔍 관찰

설탕 용액을 팬에 부어서 식힐 때, 상태가 어땠는지 설명해 보세요.

_____

_____

_____

_____

_____

● **설탕 용액 만들기**

1 주전자에 물 1컵과 설탕 ¾컵을 붓습니다.

2 탐침 온도계를 주전자의 안쪽 벽에 끼웁니다.

3 긴 스푼으로 설탕 용액을 저어 줍니다.

4 주전자를 가스레인지에 올리고, 설탕 용액이 끓을 때까지 약불에서 계속 저어 줍니다.

5 설탕 용액의 온도가 150℃가 되면 가스레인지를 끄고, 설탕 용액을 케이크 팬 하나에 바로 부어 줍니다. 관찰한 내용을 기록합니다.

● **색소를 넣은 후, 사탕 굳히기**

1 케이크 팬에 부은 설탕 용액 위에, 식용색소 10~20방울을 골고루 뿌려줍니다.

2 식탁용 나이프로 색소를 가볍게 빙 돌려줍니다. 단, 용액과 섞일 정도로 깊게 저으면 안 됩니다.

3 설탕 용액을 1시간 정도 식힙니다.

● **첨가물을 넣은 설탕 용액 만들기**

1 '설탕 용액 만들기' 순서를 반복하는데, 이번에는 1단계의 물 1컵과 설탕 ¾컵에, 옥수수 시럽 ½컵과 타르타르크림 ⅛작은술을 더 추가합니다.

1 깨끗한 조리대 위에 케이크 팬 2개를 뒤집어서 톡톡 두드리면 사탕이 잘 떨어집니다.

2 사탕을 즐기며 결과를 기록합니다.

☑ 왜 그럴까요?

설탕은 식으면서 반짝이면서 딱딱한 결정을 형성하기 때문에 결코 말랑거리지 않습니다. 그러나 옥수수 시럽과 타르타르크림이 설탕을 만나면 화학 변화를 일으켜 결정이 형성되는 것을 막기 때문에, 고체가 되어도 말랑말랑한 사탕이 만들어집니다.

🧪 STEAM 연결고리

- 설탕 과학은 생물학, 화학 및 물리학의 결합입니다. 설탕은 사탕수수나 사탕무와 같은 식물에서 나온 것이므로, 과학자들이 설탕의 생성 과정을 이해하기 위해선 생물학 지식이 필요합니다. 또한 설탕은 화학물질이기 때문에 설탕으로 인한 화학 변화들을 이해하기 위해서는 화학 지식이 필요합니다. 그리고 설탕 결정은 빛을 반사하는데, 과학자들은 설탕이 어떻게 반짝거리며 빛을 내는지 이해하기 위해 물리학의 관점도 필요합니다.

➕ 좀 다르게 해볼까요?

설탕으로 만들 수 있는 사탕은 무척 많습니다. 퍼지나 캐러멜 등, 원하는 사탕의 레시피를 인터넷에 검색하여 확인해 보세요.

📋 결과

어느 쪽이 더 말랑말랑한 사탕이 되었나요?

_____

_____

_____

_____

_____

33 무지개 속으로: 알록달록 프로스팅 케이크

 필요한 도구

- 그릇 2개
- 스푼 2개
- **프로스팅 도구:**
  계량컵과 계량스푼,
  큰 믹싱볼, 스탠드믹서

어린이 혼자 하면 위험해요.

어른과 함께 실험해 보아요!

⭐ 난이도: 보통

⏱ 준비 시간: 10분

👍 엉망진창 등급: 적음

⏳ 실험 시간: 15분

◎ 언제 먹으면 좋을까요?:
간식으로

👑 결과물: 프로스팅 약 1컵

 케이크 장식가는 자신의 프로스팅 디자인에 예술적인 생동감을 불어 넣기 위해 다양한 식용색소를 연구합니다. 우리는 이 실험에서 종류가 다른 식용색소를 서로 비교합니다. 일반 식용색소와 젤 타입 식용색소 중 어떤 색소의 프로스팅이 더 화려하게 보일까요?

경고 프로스팅 단계부터 시작할 경우에는 어른이 스탠드믹서를 작동 해야 합니다.

실험순서

● 프로스팅에 2종류의 색소 입히기

1 2개의 그릇에 프로스팅을 절반씩 넣어 줍니다.

2 녹색, 주황색 또는 보라색 중 프로스팅을 물들일 색깔 하나를 골라 보세요. 그 색을 만들기 위해 필요한 식용색소를 선택하세요.

- 녹색: 파란색과 노란색을 혼합하여 사용
- 주황색: 빨간색과 노란색을 혼합하여 사용
- 보라색: 빨간색과 파란색을 혼합하여 사용

3 첫 번째 프로스팅 그릇에는 일반 식용색소에서 필요한 색소를 골라 2방울씩 떨어뜨립니다. 스푼으로 젓고, 관찰 내용을 기록합니다.

4 두 번째 프로스팅 그릇에는 젤 타입 식용색소에서 필요한 색소를 골라 2방울씩 떨어뜨립니다. 다른 스푼으로 젓고, 관찰 내용을 기록합니다.

5 비교하고 결과를 기록합니다.

● 직접 버터크림 프로스팅 만들기

1 실온에 놓아둔 버터 ½컵을 스탠드믹서로 1분가량 부드러워질 때까지 돌려 줍니다.

2 슈가파우더 1½컵을 추가한 뒤, 스탠드믹서로 저속으로 30초간, 중간 속도로 1분간 돌립니다.

3 생크림 2큰술을 넣고 크림 상태가 될 때까지 스탠드믹서를 돌립니다.

4 (선택사항) 좋아하는 향료 1작은술을 넣어 줍니다(바닐라, 아몬드, 레몬 등).

프로스팅을 장식에 사용할 때는 실온 또는 약간 더 높은 온도가 좋습니다. 하지만 프로스팅이 녹아 내릴 정도로 높으면 안 되겠죠. 가장 편한 방법은

식재료

- ● 프로스팅 약 1½컵(이어지는 프로스팅 제조 레시피 참고 또는 미리 만들어진 프로스팅 구매)

- ● 일반 식용색소(수용성)

- ● 젤 타입 식용색소

- ● **프로스팅 재료**: 실온 상태의 무염버터 ½컵, 슈가파우더 1½컵, 생크림 2큰술(걸쭉한 것, 지방 36% 이상), 수용성 식품 향료 1작은술(선택사항)

가설

일반 식용색소와 젤 타입 식용 색소 중 어떤 것이 프로스팅을 더 화려하게 물들일지 생각해 보세요.

_____

_____

_____

_____

 관찰

프로스팅에 두 가지 식용색소 를 각각 섞었을 때 그 차이를 관찰할 수 있었나요?

_____

_____

_____

_____

_____

결과

어떤 식용색소가 더 화려한 프 로스팅을 만들었나요?

_____

_____

_____

_____

_____

케이크를 30분 전에 냉동실에 잠깐 넣어서, 프로스팅보다 낮은 온도로 만 드는 것이랍니다.

💡 참고사항

프로스팅은 며칠 정도 냉장실에 보관해도 되고, 냉동실에서는 최대 2개월까지 보관할 수 있습니다.

☑ 왜 그럴까요?

일반 식용색소는 수용성이므로 버터로 된 프로스팅에 잘 녹아들지 않습니다. 반면에 젤 타입 식용색소에는 버터로 된 프로스팅에서 녹기 쉬운 색소가 들어 있기 때문에 더 선명한 색을 낼 수 있습니다.

🔬 STEAM 연결고리

- 식품과학자들은 케이크에 프로스팅을 입히는 것처럼, 창의적인 장식을 디자 인하기 위해 색채 과학을 사용합니다. 색채 과학은 물리학의 한 분야인, 빛을 다루는 광학의 일부입니다. 좀 다른 분야인 색채 심리학자들은 색채에 따라 사람들이 어떻게 느끼는지를 탐구합니다.

좀 다르게 해볼까요?

색상환은 모든 색깔들을 마치 도넛 형태로 배열한 도표입니다. 예술가는 1차 색(원색)과 2차색을 조합할 때 이 도표를 사용합니다.

실험에 좀 더 깊이 들어가고 싶다면, 버터크림 프로스팅의 양을 두 배로 늘려 서, 최소 6가지 색으로 프로스팅을 만들고, 그것으로 색상환을 구성해 보세요. 색상환은 온라인에서 쉽게 찾을 수 있어요. 이 프로스팅으로 케이크를 장식하 면 훌륭한 색상환 케이크가 되겠지요!

34 색소의 과학: 파스타 세상

 필요한 도구

- 냄비
- 그릇 2개
- 스푼 2개
- 가스레인지
- 채반

 식재료

- 물
- 곱슬곱슬한 모양의 파스타(푸실리, 로티니, 페니 등) 100g
- 곧은 국수형 파스타 100g
- 식용색소(일반 또는 젤 타입)

 어린이 혼자 하면 위험해요.

어른과 함께 실험해 보아요!

- ⭐ 난이도: 보통
- 👍 엉망진창 등급: 적음
- ◎ 언제 먹으면 좋을까요?: 점심 또는 저녁 식사로
- 🕐 준비 시간: 파스타 요리 15분
- ⏳ 실험 시간: 30분
- 👑 결과물: 파스타 2접시

❓ 예술 작품 같은 음식을 만들고자 할 때 흔히 식용색소를 사용하지만 염색이 잘 되지 않을 때도 있습니다. 이 실험에서는 파스타의 모양에 따라, 염색이 달라지는지 테스트하기 위해, 곱슬 면과 곧은 면에 염색을 해 볼 거예요. 식용색소는 두 가지 파스타 면에 서로 다르게 작용할까요, 동일하게 작용할까요?

가설

식용색소가 곱슬 면이나 곧은 면에서 다르게 작용할지, 동일하게 작용할지 예측해 보세요.

_____
_____
_____
_____
_____
_____
_____

관찰

파스타를 색소 그릇에 담았을 때의 변화를 묘사해 보세요.

_____
_____
_____
_____
_____

결과

식용색소가 곱슬 면이나 곧은 면에서 다른 염색 결과를 보였나요?

_____
_____
_____
_____
_____
_____

경고 파스타 봉지의 설명에 따라 어른이 물을 끓이고, 파스타 면을 삶아야 합니다.

실험순서

1 👩 **보호자** 파스타 봉지에 적힌 설명에 따라, 곱슬 파스타와 곧은 파스타 각각 100g(1컵)을 물에 끓여서 준비합니다.

2 파스타가 익는 동안 2개의 그릇에 각각 따뜻한 물 ½컵을 붓고, 식용색소 4방울씩을 떨어뜨립니다.

3 익힌 파스타의 물기를 빼고, 곱슬 파스타와 곧은 파스타를 두 그릇에 따로 넣어 줍니다.

4 수저로 잘 저어 줍니다. 관찰한 결과를 기록합니다.

5 파스타를 채반에 걸러 물기를 빼고, 따뜻한 물로 헹굽니다.

6 좋아하는 소스나 치즈 가루를 얹어 식탁에 올립니다.

☑ 왜 그럴까요?

식용색소는 음식 분자에 달라붙어 화학적인 변화를 일으킴으로써 색을 만들어 냅니다. 식용색소는 특별한 식품 분자에 더 잘 붙는데, 이는 식품의 모양 때문이 아니라 분자의 모양 때문입니다. 파스타는 모양이 서로 다르더라도 동일한 분자로 만들어져 있으므로 모양에 상관없이 식용색소에 동일하게 염색됩니다.

STEAM 연결고리

- 과학자들은 식품에 작용하는 화학 변화를 연구하여, 오늘날 우리가 사용하는 다양한 식용색소를 개발할 수 있었습니다. 일반적으로 실험실과 공장에서 생산한 인공색소를 많이 사용하지만, 오늘날에는 천연색소를 사용하는 일이 점점 더 많아지고 있습니다.

좀 다르게 해볼까요?

파스타 외에도 쌀, 감자 또는 빵과 같은 음식 재료에 식용색소를 사용해 보세요(매장에서 구입한 색소 또는 이어지는 바로 다음의 실험(35. 천연색소: 달걀을 물들인 비트)을 통해 직접 색소를 만들어 보세요). 어떤 재료가 가장 쉽게 물이 드나요? 음식에 색소를 가미했을 때 더 먹음직스럽게 보이나요?

35 천연색소: 달걀을 물들인 비트

 실험 키워드: 색소, 염색, 매염제

 필요한 도구

➡ 작은 냄비 2개
➡ 액체 계량컵
➡ 가스레인지

 식재료

➡ 물 4컵
➡ 식초 1컵
➡ 얇게 썬 비트 2개
➡ 껍질 깐 삶은 달걀 2개
➡ 소금 한 꼬집

어린이 혼자 하면 위험해요.
어른과 함께 실험해 보아요!

⭐ 난이도: 보통
👍 엉망진창 등급: 적음
◎ 언제 먹으면 좋을까요?:
　점심 식사 또는 간식으로
🕐 준비 시간: 어른이 달걀을 삶고,
　비트를 써는 시간 20분
⧖ 실험 시간: 1시간
👑 결과물: 비트와 함께 식초에 절인
　달걀 2인분

 몸에 좋은 음식을 요리할 때, 천연색소를 사용해서 화려하게 만든다면 먹기에도, 보기에도 좋지 않을까요? 천연색소는 염색이 잘 되게 도와주는 화학물질인 매염제와 함께 사용하면 더욱 효과적으로 작용합니다. 이 실험에서는 비트의 색소와 매염제 역할을 하는 식초를 사용해서 천연 염색을 해 봅니다. 색소를 선명하게 물들이려면 매염제가 꼭 필요할까요?

 경고 가스레인지에서 요리할 때는 어른의 감독이 필요합니다. 비트와 달걀을 얇게 썰 때도 어른에게 부탁하세요. 비트즙은 얼룩을 남길 수 있으니, 옷에 묻지 않도록 앞치마를 착용하세요.

🧪 **실험순서**

1 달걀을 끓는 물에 14분간 완숙으로 삶은 후, 여과국자로 건져서 찬물에 담가 둡니다.

● 천연색소 만들기

1 냄비 하나에 물 2컵과 얇게 썬 비트 1개를 넣습니다.

2 다른 냄비에 물 2컵과 얇게 썬 비트 1개, 그리고 식초 1컵을 넣습니다.

3 두 냄비를 가스레인지에 올린 후, 센 불로 가열합니다.

4 끓기 시작하면 불을 낮춰서 15분간 더 끓입니다.

5 불을 끄고 15분간 식혀 줍니다.

● 삶은 달걀에 색소 물들이기

1 삶은 달걀의 껍질을 벗겨서 식힌 두 냄비에 하나씩 담그고, 10분간 그대로 둡니다.

2 👤 **보호자** 달걀을 꺼내 각각 반으로 잘라 관찰하고, 결과를 기록합니다.

3 익힌 비트를 냄비에서 꺼내 얇게 썰어서 달걀과 함께 접시에 올리고, 달걀에 소금을 살짝 뿌립니다.

☑ 왜 그럴까요?

식물에는 비트처럼 진한 색소를 가진 것들이 종종 있습니다. 식물의 진한 색소를 매염제와 함께 사용하면 색 분자가 더 효과적으로 달라붙기 때문에 염색이 잘 된답니다. 이번 실험에서는 식초가 바로 매염제 역할을 한 것입니다.

⚛ STEAM 연결고리

■ 섬유 과학을 이해하게 되면 천연염료와 천연색소를 더 성공적으로 사용할 수 있습니다. 섬유 예술가들은 식물성 염료로 털실을 염색하곤 하는데요. 양모와 같은 면직물에는 천연염료와 색소가 잘 달라붙기 때문입니다. 천연염료와 색소로 여러분이 입고 있는 티셔츠 같은 면직물도 염색할 수 있답니다.

➕ 좀 다르게 해볼까요?

다른 식물이나 허브, 향료로 염료를 만들어 보세요. 케일로 녹색 염료를 만들고, 적양배추로는 자주색 염료를, 당근으로 주황색 염료를, 강황으로는 노란색 염료를, 로즈마리로는 밝은 노란색 염료를 만들 수 있어요.

✏ 가설

비트 색소를 쓸 때, 식초를 매염제로 사용하면 얼마나 더 선명하게 달걀이 염색될 지 예측해 보세요.

_____
_____
_____
_____
_____

🔍 관찰

식초를 매염제로 물들인 달걀과, 비트만으로 물들인 달걀이 다르게 보이나요?

_____
_____
_____
_____

📋 결과

비트로 달걀을 물들이는 데 매염제가 꼭 있어야 하나요?

_____
_____
_____
_____

36 모세관 현상: 셀러리의 화려한 부활

4학년 2학기 5단원 물의 여행
6학년 1학기 4단원 식물의 구조와 기능

실험 키워드: 모세관 현상, 표면장력

필요한 도구

- 긴 유리컵 2개
- 셀러리를 자를 칼 1개

어린이 혼자 하면 위험해요.
어른과 함께 실험해 보아요!

- ★ 난이도: 쉬움
- 👍 엉망진창 등급: 적음
- 🍩 언제 먹으면 좋을까요?: 간식으로

- ⏱ 준비 시간: 없음
- ⏳ 실험 시간: 준비 35분, 하룻밤 놔두기, 다음날 관찰 5분
- 👑 결과물: 아삭한 셀러리 2줄기

물은 생명체에서 가장 중요한 분자입니다. 뜨거운 낮에 식물은 잎을 통해 수분을 잃게 됩니다. 이때 식물은 뿌리로 땅속의 물을 끌어올려 잃어버린 수분을 보충합니다. 그리고 물은 중력을 거스르며 줄기를 통해 위로 올라갑니다. 이 실험에서는 모세관 현상이라고 하는 이 놀라운 물의 이동을 관찰합니다. 모세관 현상은 건조한 식물과 촉촉한 식물에서 어떻게 다를까요?

경고 셀러리를 칼로 자르는 것은 어른에게 부탁하세요.

실험순서

1 긴 유리컵 2개에 물을 채웁니다.

2 두 컵에 식용색소 4방울씩을 각각 떨어뜨립니다.

 식재료

➡ 식용색소(일반 또는 젤 타입)
➡ 셀러리 2줄기

3 긴 셀러리 2줄기를 씻어 준비합니다.

4 🧑‍🍳 **보호자** 칼로, 셀러리 아랫쪽 5cm와 위쪽 8cm 부분을 자릅니다.

5 셀러리 1개를 색소 컵 하나에 넣습니다. 셀러리가 물 높이보다 3cm 이상 튀어나올 수 있도록 길어야 합니다.

6 남은 셀러리 1개는 조리대에 놓고 30분간 말립니다.

7 말린 셀러리를 두 번째 색소 컵에, 5단계와 같은 방법으로 넣습니다.

8 두 셀러리를 이 상태로 밤새 담가 둡니다.

9 관찰한 내용과 결과를 기록합니다.

가설

촉촉한 셀러리와 말린 셀러리, 어느 쪽의 모세관 현상이 더 활발하게 나타날지 맞혀 보세요.

_____

_____

_____

_____

_____

관찰

셀러리를 하룻밤 담근 후의 상태를 설명하세요.

_____

_____

_____

_____

결과

촉촉한 셀러리와 말린 셀러리 중 어느 쪽에서 모세관 현상이 더 활발했나요?

_____

_____

_____

_____

_____

 ☑ 왜 그럴까요?

촉촉하게 젖은 셀러리 줄기에서는 위쪽 끝부분의 수분이 증발하게 됩니다. 이때 유리컵에 있던 색소 물이 셀러리로, 증발한 수분을 보충하게 됩니다. 대부분의 화학 물질과 달리, 물은 같은 분자들끼리 잘 붙는 성질이 있습니다. 원래 셀러리에 있던 물은 색소 물에 달라붙어서 모세관 현상을 통해 색소 물을 위로 힘차게 끌어 올립니다. 반면에, 말린 셀러리는 전체적으로 수분이 증발되면서 물관 여기저기에 기포가 생기게 되고, 이 기포가 모세관 현상을 방해하게 됩니다.

🔬 STEAM 연결고리

- 모세관 현상은 농업에서 매우 중요합니다. 식량 작물을 키우는 농업과학자와 농업기술자는 식물이 수분을 유지하는 방법을 이해해야 합니다.

➕ 좀 다르게 해볼까요?

모세관 현상으로 꽃에 식용색소를 입힐 수도 있습니다. 무농약 흰 장미를 구해서, 식용색소가 든 물에 밤새 담가 두면, 흰 장미의 꽃잎이 알록달록 물듭니다. 이를 활용해서 샐러드 위에 화려한 꽃잎을 장식해서 먹을 수 있습니다!

37 식물 해부: 과일, 꽃, 버섯 속으로

4학년 2학기 1단원 식물의 생활
5학년 1학기 5단원 다양한 생물과 우리 생활

실험 키워드: 과일과 꽃, 식물의 구조, 균류

어린이 혼자 하면 위험해요.
어른과 함께 실험해 보아요!

- ☆ 난이도: 쉬움
- 👍 엉망진창 등급: 적음
- ◎ 언제 먹으면 좋을까요?: 간식이나 고명으로
- 🕐 준비 시간: 어른이 과일, 꽃, 버섯을 자르는 시간 5분
- ⌛ 실험 시간: 30분
- 👑 결과물: 간식 약간 또는 고명 몇 개

 생물을 연구하는 생물학자들은 종종 생물의 구조를 조사하기 위해 해부하거나 잘라봅니다. 이 실험에서는 토마토, 꽃, 그리고 버섯을 해부합니다. 버섯은 '균류'에 속하는데요. 과연 과일, 꽃, 버섯의 내부 구조는 같을까요, 다를까요?

 경고 어른에게 재료를 썰어 달라고 하세요. 식용 꽃에 살충제를 사용하지는 않았는지 반드시 확인하세요. 장식용으로 판매되는 꽃에는 보통 많은 양의 살충제를 사용합니다.

🧪 실험순서

1. 👤 **보호자** 토마토, 식용 꽃, 버섯을 반으로 자릅니다.

2. 자른 토마토의 절반을 깨끗한 접시에 놓고 보면서, 도화지에 색연필로 토마토의 내부 구조를 최대한 상세하게 묘사하여 그립니다.

필요한 도구

- ➡ 칼과 도마
- ➡ 도화지
- ➡ 채색 도구(색연필 등)

식재료

- ➡ 큰 토마토 1개
- ➡ 한련화, 팬지, 금잔화, 보리지, 튤립 또는 장미와 같은 식용 꽃 1개 이상
- ➡ 큰 버섯 1개
- ➡ 샐러드 드레싱 1큰술

가설

과일, 꽃, 버섯의 내부 구조가 어떻게 보일지 상상해 보세요.

관찰

각 재료를 그림으로 상세하게 묘사하고, 과일, 꽃, 버섯 내부에 보이는 구조들을 설명해 보세요. 무엇을 봐야 할지 잘 모르겠다면, 온라인으로 각 재료의 단면 그림들을 검색해 보세요.

결과

세 가지 재료에서 공통점을 찾았나요? 차이점은요?

---

3 꽃과 버섯도 같은 방법으로 그립니다.

4 관찰한 내용과 결과를 기록합니다.

5 깨끗한 접시에, 토마토와 버섯을 한입 크기로 썰어서 꽃과 함께 담아냅니다. 또는 다음 식사 때 장식으로 사용해도 좋겠지요.

6 좋아하는 샐러드 드레싱을 위에 얹어서 맛있게 즐깁니다.

☑ 왜 그럴까요?

과일과 꽃은 모두 식물의 한 기관들입니다. 식물들은 각자의 생애 주기를 따르는데, 꽃은 시간이 지나면 씨앗을 품은 열매로 변하기도 합니다. 여러분은 과일과 꽃이 몇 가지 공통점을 가지고 있다는 것을 알아챘나요? 버섯이 유독 과일이나 꽃의 내부 구조와 다른 이유는 식물이 아니라 균류에 속하기 때문입니다.

🧪 STEAM 연결고리

- 기록이 중요한 만큼 그림을 그리면서 주의 깊게 사물을 관찰하는 것 또한, 과학자들이 실험과 발견에 집중할 때 도움이 되는 중요한 연구 활동입니다. 여러분도 천천히 세심하게 그리는 방법을 익히면 관찰 실력이 많이 좋아질 겁니다.

➕ 좀 다르게 해볼까요?

식물화는 오래 전부터 있었던 예술의 한 분야입니다. 도서관에서 식물화 서적을 찾아보고 그림을 좀 더 그려 보세요.

또는 정원에 한련화나 보리지 씨앗을 심어 보세요. 여러분이 충분히 먹고도 남을 풍성한 꽃을 피우게 될 거예요.

38 포일에 굽기: 바삭한 감자 인형

4학년 2학기 5단원 물의 여행
6학년 1학기 3단원 여러 가지 기체

열전달, 열 전도, 온실 효과, 대류

 어린이 혼자 하면 위험해요.
어른과 함께 실험해 보아요!

 필요한 도구

- 🌟 난이도: 보통
- 👍 엉망진창 등급: 적음
- ⏱ 언제 먹으면 좋을까요?:
  점심 또는 저녁 식사로
- 🕐 준비 시간: 없음

- ⏳ 실험 시간: 1시간 40분
  (감자 준비 10분, 굽기 1시간,
  식히기 15분, 장식 15분)
- 👑 결과물: 큰 감자 4개

- ➡ 오븐
- ➡ 포크
- ➡ 알루미늄포일
- ➡ 쿠키 철판
- ➡ 타이머
- ➡ 오븐 장갑
- ➡ 접시

 식품과학자들은 열의 성질을 연구하여 굽는 시간을 단축하는 기술을 발견하곤 합니다. 감자를 알루미늄포일로 감싸면 더 빨리 구워질까요?

  경고 오븐을 사용할 때는 어른의 감독이 필요합니다.

 실험순서

1 오븐을 200℃로 예열합니다.

2 감자 4개를 씻어서 물기를 없앤 후, 포크로 감자에 살짝 구멍을 냅니다(감자가 오븐에서 폭발하면 안 되니까요).

3 감자 4개 중, 2개를 알루미늄포일로 감쌉니다.

식재료

- 감자 4개(너무 작지 않은 것으로, 비슷한 크기로 준비해 주세요)
- 장식용 재료들:
  * 슈레드 체다치즈
    (슈레드: 고명으로 올리기 위한 잘게 자른 것) 또는 마블잭
  * 치즈 1컵
  * 올리브
  * 노랑, 빨강, 녹색 파프리카(가늘고 길게 채 썰어 준비)
  * 깍지콩
  * 방울토마토
  * 베이비콘(영콘)
  * 꼬마 당근
  * 자른 브로콜리
  * 시금치 잎
  * 얇게 썬 버섯
  * 얇게 썬 오이

4 쿠키 철판에 감자 4개를 모두 올립니다.

5 예열된 오븐에 쿠키 철판을 넣고, 타이머를 30분으로 설정합니다.

6 타이머가 울리면 감자가 잘 구워졌는지 포크로 찔러봅니다. 포크가 감자에 쉽게 들어가면 잘 익은 것입니다. 오븐 장갑으로 익은 감자만 꺼내서 접시에 담아 식힙니다.

7 만약 감자가 덜 익었다면 10분 정도 더 구운 후 다시 확인합니다.

8 감자 4개가 모두 구워질 때까지 7단계를 반복하고, 관찰한 것들과 결과를 기록합니다.

● 감자 장식하기

1 👩 **보호자** 식은 감자 하나씩을 길게 절반으로 잘라, 모두 8개의 반쪽 감자를 만듭니다.

2 장식 재료와 치즈로 얼굴 모양을 만듭니다. 눈, 눈썹, 입, 코, 귀, 머리카락도 만들어 보세요! 재료가 충분한가요?

3 가족과 함께 맛있게 즐깁니다.

☑ 왜 그럴까요?

알루미늄은 금속입니다. 금속은 열을 이동, 즉 전도시킵니다. 알루미늄포일로 감자를 감싸면 포일이 열을 가두기 때문에 감자가 더 빨리 구워지게 됩니다. 그런데 이때, 감자 주변의 수분과 수증기도 함께 가두면서 감자는 수분과 수증기와 함께 구워집니다. 때문에 포일 없이 구운 감자의 껍질만큼 바삭하지는 않습니다. 굽는 시간을 더 늘려서라도 감자 껍질을 바삭하게 구워야 할까요? 여러분이 취향에 따라 결정하세요!

🧪 STEAM 연결고리

- 굽는 시간은 식품과학자들에게 매우 중요합니다. 대류식 오븐은 식재료가 더 빨리 구워지도록 개발된 기술입니다. 대류식 오븐의 내부에 있는 팬이 뜨거운 공기를 순환시켜, 식재료를 고르게 가열하고 익혀 준답니다.

➕ 좀 다르게 해볼까요?

다른 야채들로 굽는 방법을 테스트해 보세요. 고구마나 마 또는 작은 단호박은 어떨까요?

✏️ 가설

감자를 알루미늄포일로 감싸면 더 빨리 구워질까요?

_____

_____

_____

_____

🔍 관찰

4개의 감자를 굽는 데 걸린 시간을 각각 기록합니다. 아! 시간 옆에 포일로 감쌌는지, 아닌지도 함께 적으세요.

_____

_____

_____

_____

📋 결과

어떤 감자가 더 빨리 구워졌나요?

_____

_____

_____

_____

화석 모델링: 공룡 케이크

4학년 1학기 2단원 지층과 화석

실험 키워드: 화석, 다양한 암석(화성암, 변성암, 퇴적암), 모델링

어린이 혼자 하면 위험해요.
어른과 함께 실험해 보아요!

- ⭐ 난이도: 어려움
- 👍 엉망진창 등급: 보통
- 🍩 언제 먹으면 좋을까요?: 간식으로
- 🕐 준비 시간: 케이크 믹스 요리 45분
- ⏳ 실험 시간: 화석 만들기 10분, 굳히기 1시간, 모델링 20분
- 👑 결과물: 맛있는 초콜릿케이크

필요한 도구

- ➡ 액체 계량컵
- ➡ 계량컵과 계량스푼
- ➡ 내열 그릇
- ➡ 스푼 2개
- ➡ 23 x 33cm 케이크 팬(넓은 사각 케이크 틀)
- ➡ 오븐
- ➡ 오븐 장갑
- ➡ 작은 케이크 팬(13 x 23cm) 또는 파이 팬
- ➡ 공룡 모형 장난감(깨끗이 씻어서 물기를 제거하여 준비해 주세요)
- ➡ 전자레인지
- ➡ 식탁용 나이프

화석은 오래 전 지구의 잃어버린 역사 속 생명체의 존재를 상기시켜 줍니다. 그런데 화석은 어떻게 남아 있는 걸까요? 이 실험에서는 모델링이라는 과학적 방법으로 화석과, 화석을 품고 있는 암석이 형성되는 과정을 살펴봅니다. 여러분은 세 가지 종류의 암석을 실험할 거예요. 바로 화성암(뜨거운 마그마가 식어 만들어진 암석), 변성암(암석이 높은 열과 압력을 받아 성질이 변해 만들어진 암석), 퇴적암(흙과 모래 등의 퇴적물이 쌓여 만들어진 암석)입니다. 어떤 암석에서 화석이 형성될 거라고 생각하나요?

경고 케이크를 굽고 초콜릿을 녹일 때는 어른의 감독이 필요합니다. 녹은 초콜릿은 매우 뜨거우니 만지지 마세요.

식재료

- 초콜릿케이크 믹스 1봉지
- 케이크 믹스에 넣을 달걀, 기름, 물
- 흑설탕 1봉지(900g)
- 화이트초콜릿 칩 1봉 (2컵 분량)
- 초콜릿 프로스팅 1캔 (미리 만들어진 것)
- 민트잎 10개
- 오레오 쿠키 10개

실험순서

● 초콜릿케이크 만들기

1 초콜릿케이크 믹스의 설명서대로 케이크를 만들고, 식혀 줍니다.

● 흑설탕 위에 공룡 화석 만들기

1 작은 케이크 팬에 흑설탕 1봉지를 붓고 스푼으로 고르게 펴줍니다.

2 흑설탕 위에 공룡 장난감을 최대한 많이 배열합니다. 공룡 장난감을 살짝 눌러서 자국을 만든 뒤, 모양이 흐트러지지 않게 조심히 떼세요.

3 내열 그릇에 화이트초콜릿 칩 2컵을 붓고, 30초간 전자레인지에 돌린 다음 저어 줍니다. 화이트초콜릿이 완전히 녹을 때까지, 10초 더 전자레인지에 돌렸다가 저어 주기를 반복합니다.

4 녹인 화이트초콜릿을 흑설탕에 찍힌 공룡 자국 안에 천천히 부어 줍니다. 팬을 냉장고에 넣어 1시간 동안 굳힙니다.

5 화이트초콜릿이 굳으면, 조심스럽게 스푼으로 흑설탕 표면에서 공룡 모양 초콜릿(이것이 바로 화석입니다!)을 파냅니다. 깨끗한 손으로 흑설탕을 털어 냅니다. 미리 만들어 식혀둔 초콜릿케이크 위에 공룡 화석들을 보기 좋게 배치합니다.

● 케이크에 프로스팅과 공룡으로 장식하기

1 프로스팅 캔을 열고 밀폐 포일을 제거합니다. 전자레인지에 약 20초간, 스푼으로 저을 수는 있지만 완전히 녹지 않은 상태까지 데워줍니다.

2 케이크 위에 따뜻한 프로스팅을 부어 공룡 화석 사이의 공간을 메꾸고, 식탁용 나이프로 케이크 전체에 프로스팅을 얹어서 화석을 덮어 줍니다.

3 프로스팅을 10분간 식힙니다.

4 깨끗한 공룡 장난감으로 프로스팅 위에 공룡 발자국을 찍어 줍니다.

5 민트 잎도 붙여주세요.

6 오레오 쿠키 10개를 가루로 만들어 케이크 위에 골고루 뿌려줍니다.

7 관찰한 내용과 결과를 기록합니다.

☑ 왜 그럴까요?

이 모델링 실험에서, 케이크 반죽은 녹은 암석(용암 또는 마그마)이며, 구운 케이크는 화성암을 나타냅니다. 데워진 프로스팅은 다시 식어서 변성암을 형성합니다. 쿠키 가루는 오랜 시간에 걸쳐 퇴적암을 형성하는 흙과 모래들입니다. 그리고 화석은 바로 이 퇴적암에서 형성됩니다.

🧪 STEAM 연결고리

- 과학자와 공학자는, 미래에 있을 수 있는 모든 사건들과 그 영향을 이해하고 예측하기 위해 모델링을 사용합니다. 예를 들어, 과학자들은 지구의 기후 변화로 인한 영향을 예측하기 위해 컴퓨터와 수학 모델을 구축합니다.

➕ 좀 다르게 해볼까요?

이 책 뒷쪽의 '찾아보기: 과학 용어 사전'에서 몰드(퇴적물 바닥 면에 생명체의 형상이 찍힌 것), 캐스트(화석이 차지하고 있던 공간에 다른 퇴적물 등이 채워진 것), 흔적화석(생명체의 활동의 흔적), 무변형보존(원래의 조직이 손상되지 않고 보존되는 경우)을 찾아보세요. 이와 같은 화석의 종류는 케이크의 어떤 부분에 해당하나요?

✏️ 가설

화석이 어떻게 형성된다고 생각하세요?

🔍 관찰

화성암, 변성암, 퇴적암이 어떻게 만들어지는지 기록하세요.

📋 결과

이 실험에서 화석과 암석을 어떻게 모델링하고 있나요?

40 빙하 모델링: 아이스크림 에이지

어린이 혼자 하면 위험해요.
어른과 함께 실험해 보아요!

- ★ 난이도: 쉬움
- 👍 엉망진창 등급: 적음
- ◎ 언제 먹으면 좋을까요?: 간식으로
- ⏱ 준비 시간: 없음
- ⏳ 실험 시간: 15분
- 👑 결과물: 아이스크림 4인분

❓ 지구 역사상, 적어도 5번은 지구 전체가 빙하기에 있었습니다. 지구의 온도가 거대한 빙하 또는 꽁꽁 언 바다와 강을 만들 만큼 낮았던 것입니다. 빙하는 흙과 바위를 긁어내면서 육지를 가로질러 이동합니다. 그리고 이때, 흙과 바위가 빙하에 섞여 이동하기도 합니다. 이 실험에서는 아이스크림으로 빙하의 움직임을 모델링합니다. 빙하가 얼마나 많은 흙과 바위(과자 가루들)를 긁어낼 거라고 생각하나요?

필요한 도구

- ➡ 23 x 33cm 베이킹 팬
- ➡ 5~10cm 두께의 책 또는 물건
- ➡ 아이스크림 스푼
- ➡ 스푼 4개
- ➡ 그릇 4개(선택사항)

식재료

- ➡ 웨이퍼 쿠키 1봉지 ('웨하스' 같은 과자를 말합니다)
- ➡ 좋아하는 아이스크림 500ml
- ➡ **아이스크림에 섞을 과자 가루 4가지 이상:**
  - ＊ 오레오, 초콜릿 칩 쿠키 또는 그레이엄 크래커 가루
  - ＊ 작은 초콜릿 과자
  - ＊ 초콜릿 칩
  - ＊ 미니 마시멜로
  - ＊ 스프링클
  - ＊ 코코넛 가루

실험순서

1 베이킹 팬 전체에 웨이퍼 쿠키를 한층 깔아 줍니다. 이것이 바로, 흙과 바위 아래 있는 기반암입니다.

2 웨이퍼 쿠키 위에 과자 가루들을 뿌립니다. 과자 가루로 흙더미와 바위들을 그럴듯하게 만들어 보세요.

3 팬의 한쪽 밑에 책이나 물건을 고여서 경사진 언덕을 만듭니다.

4 이제 경사진 과자 가루로 꾸며진 웨이퍼 쿠키 언덕 꼭대기에, 아이스크림을 한 스푼 올립니다. 아이스크림이 바로 빙하 역할입니다.

가설

여러분의 빙하가 흙과 바위를 얼마나 깎아 내릴지 짐작해 보세요. ¼, ½, ¾? 또는 전부?

_____

_____

_____

_____

_____

관찰

빙하는 어떻게 흙과 바위를 깎아 내리나요?

_____

_____

_____

_____

결과

흙과 바위가 빙하로 얼마나 끌려갔나요? 여러분이 짐작한 대로인가요?

_____

_____

_____

_____

_____

_____

5 5분 정도 아이스크림이 녹을 때까지 기다립니다.

6 아이스크림 빙하가 언덕 아래로 미끄러지기 시작합니다. 잘 안되면 스푼으로 살짝 밀어 보세요.

7 관찰한 내용과 결과를 기록합니다.

8 아이스크림 빙하와 과자를 각자 그릇에 덜어 맛있게 즐깁니다. 또는 베이킹 팬에 둥글게 모여서 스푼으로 떠먹어도 재밌겠죠?

☑ 왜 그럴까요?

빙하는 무겁기 때문에, 빙하의 무게로 인한 압력으로 빙하가 녹게 되고 빙하와 대지 사이에 물이 존재하게 됩니다. 이렇게 녹은 물 때문에 빙하는 육지를 가로질러 미끄러집니다. 이때 빙하가 이동하면서 지형을 통째로 긁어내립니다. 심지어 언덕과 산까지도 딸려 간답니다! 여러분의 아이스크림 빙하도 엄청난 양의 과자 가루를 긁어내렸나요?

STEAM 연결고리

- 지구의 오랜 역사에서 긴 시간에 걸쳐 대규모로 발생한 자연현상들을 지구과학자들이 직접 관찰하는 것은 불가능합니다. 모델링은 이러한 사건들을 작은 규모로 만들어 관찰할 수 있게 하는 중요한 과학적 방법입니다.

➕ 좀 다르게 해볼까요?

음식 재료로 강의 모형을 어떻게 만들 수 있을까요? 옥수수 가루, 모래, 물을 이용해서 강을 만드는 방법에 대해 서로 이야기 나누고, 직접 만들어봐요!

알아두면 쓸모 있는 상식: 식품과학자

기업에 근무하는 식품과학자들은 우리가 더욱 간편하고, 맛있는 음식을 준비할 수 있도록 방법을 개선해 주는 사람들입니다. 식품과학 분야에는 수천 가지의 다양한 직업들이 있습니다. 그중 몇 가지만 알아볼까요!

식품 회사에는 애플파이부터 사탕에 이르기까지 모든 음식을 개발하는 식품과학자 팀이 있습니다. 이 식품과학자들은 신제품을 만들어 내고, 기존 제품을 새롭게 개선하기 위해 디자인 개발 과정을 수행하는 과학자들입니다.

이렇게 개발된 제품은 판매 단계 이전에, 매장에 보내는 식품이 안전한지 확인하는 작업을 거치게 됩니다. 이때 수백 가지의 안전 검사를 실시하는 것도 바로 식품과학자들의 몫입니다. 또한, 소비자들에게 좋은 제품으로 보이기 위한 제품 포장도 담당하며, 제품이 트럭이나 기차, 선박, 비행기 등을 통해 제시간에 양호한 상태로 배송되는 것까지 계산합니다.

식품과학자들이 모두 대기업에서 일하는 것은 아닙니다. 정부 또는 자선 단체에서 기아 문제를 해결할 식품을 개발하기도 합니다. 또한, 농작물을 재배하는 기술을 개선하기 위해, 현장에서 농부들과 협업하는 식품과학자들도 있습니다. 이들은 모두 학교에서 스팀(STEAM)을 공부한 과학자들입니다.

여러분도 요리와 과학을 좋아한다면 식품과학자가 될 수 있습니다!

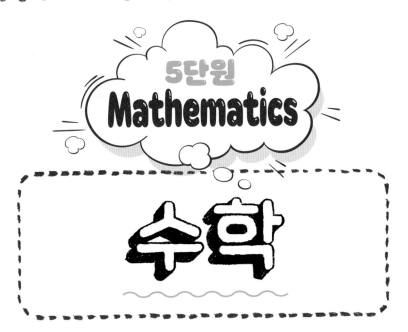

5단원 Mathematics

수학

초콜릿케이크를 만드는 데 우유를 얼마나 넣어야 할지 모른다고 가 정해 보세요. 잘못하면 케이크가 아니라 초콜릿 쿠키가 되어 버릴지도 모릅 니다. 식품과학자들은 완벽한 요리법을 만들기 위해 수학을 활용합니다. 우리 는 주방 실험에서 재료의 양을 재거나, 온도를 측정하거나, 요리 시간을 계산 할 때마다 수학을 사용합니다. 수학이 어렵게 느껴지더라도 절대 두려워하지 마세요! 주방의 수학은 여러분이 이해하기 쉬울 뿐만 아니라, 놀라운 맛의 비 결이랍니다.

주방에서 수학이 어떤 역할을 하는지 잠깐 가볍게 실험들을 살펴볼까요?

이 단원에서 우리는 신선한 음료와 바삭한 팝콘을 만들며 밀도의 세계를 탐험 합니다. 양배추 수프와 레모네이드, 맛있는 초콜릿케이크 실험에서는 pH*에 대해 배우게 됩니다. 이외에도 맛있는 것들이 더 있습니다. 신나는 아이스크 림과 마시멜로 슬라임 요리를 하면서 비율을 계산하여 온도를 측정하는 방법 을 배우게 됩니다. 여러분이 정말 좋아하는 요리인 폭신한 팬케이크를 구우면 서 온도가 기체의 부피를 어떻게 변화시키는지 배우고, 그 변화를 측정하기도 합니다.

자, 수학으로 맛있는 요리를 만들어 볼까요?

* 용액에 들어 있는 산과 염기의 농도를 수학적으로 나타낸 수치를 말합니다.

41 용액의 밀도 비교하기: 무지개 음료수

5학년 1학기 4단원 용해와 용액

실험 키워드: 밀도, 아르키메데스의 원리, 용액

필요한 도구

➡ 투명한 음료수 컵 4개

⭐ 난이도: 쉬움　　　🕐 준비 시간: 없음

👍 엉망진창 등급: 적음　　🧖 실험 시간: 10분

🎯 언제 먹으면 좋을까요?:　　👑 결과물: 음료수 4개
　간식으로

식재료

➡ 과일향 탄산수 1캔(340g)

➡ 생과일 스무디 1병

➡ 맑은 과일주스
　2컵(크랜베리, 석류, 사과
　또는 베리 등)

❓ 2천 년 전에, 과학자 아르키메데스는 물에 어떤 물체를 넣었을 때 물체에 의해 물이 이동하게 되고, 움직인 물의 무게와 같은 힘으로 물체가 들어 올려진다는 것을 발견했습니다. 그 이후로 수학자들은 물체의 밀도를 알아내기 위해 아르키메데스의 원리를 사용해 왔습니다. 이 실습에서는 밀도가 다른 세 가지 액체를 비교합니다. 탄산수, 스무디, 주스 중 어떤 액체가 가장 무거울까요? 또 어떤 액체가 가장 밀도가 클까요?

가설

어떤 음료수가 바닥으로 가라앉을지 예측해 보세요.

_____

_____

_____

_____

실험순서

1 조리대 위에 투명한 컵 4개를 나란히 놓습니다.

2 탄산수 캔을 따서 ¼만큼씩 4개의 컵에 천천히 부어 주세요. 관찰한 내용을 기록합니다.

3 준비한 스무디를 같은 방법으로 ¼만큼씩, 컵의 안쪽 벽을 타고 흘러 내리도록 부어 줍니다. 관찰한 내용을 기록합니다.

4 준비한 두 개의 주스 역시 같은 방법으로 ¼만큼씩, 컵의 안쪽 벽을 타고 흘러 내리도록 부어 줍니다. 관찰한 내용을 기록합니다.

5 마치 무지개처럼, 밀도에 따라 층층이 분리된 액체탑(밀도단층) 음료수를 친구, 가족들과 함께 즐겨 보세요!

☑ 왜 그럴까요?

밀도 즉, 부피당 질량이 가장 큰 액체가 가장 아래로 가라앉게 됩니다. 질량이 큰 과일이 통째로 들어 있는 스무디가 가장 밀도가 높기 때문에 바닥에 가라앉습니다. 설탕의 질량이 더해진 주스는 그보다 낮은 밀도를 가집니다. 거품이 많은 탄산수는 설탕이나 과일보다 질량이 훨씬 적은 기포들로 인해 가장 낮은 밀도로 맨 위에 뜨게 됩니다.

STEAM 연결고리

- 과학자들은 액체의 밀도를 계산할 때 수학을 사용합니다.

➕ 좀 다르게 해볼까요?

주방에 있는, 액체나 고체로 된 음식들의 밀도를 측정해 볼 수 있나요? 스무디와 주스 층 중간에 들어갈 수 있는 과일로는 어떤 게 있을까요?

🔍 관찰

세 가지 음료수를 컵에 따랐을 때 어떻게 됐는지 설명해 보세요.

📋 결과

어떤 음료수가 바닥에 가라앉았나요? 위로 떠오른 음료수는요? 여러분이 예측한 대로인가요?

42 폭발 실험: 이리저리 튀는 팝콘

4학년 2학기 5단원 물의 여행
5학년 1학기 2단원 온도와 열

실험 키워드: 부피 팽창, 열 전도

필요한 도구

- 계량컵과 계량스푼
- 뚜껑이 있는 작은 냄비 (약 2리터)
- 가스레인지
- 4컵 분량의 내열 액체 계량컵
- 그릇
- 스푼

식재료

- 카놀라유나 식물성 기름 1큰술(올리브유는 안 됩니다)
- 옥수수 알갱이 ¼컵
- 소금 한 꼬집
- 슈레드 체다치즈 ⅛컵(선택사항)
- 녹인 버터 2작은술(선택사항)

어린이 혼자 하면 위험해요.
어른과 함께 실험해 보아요!

⭐ 난이도: 보통	🕐 준비 시간: 없음
👍 엉망진창 등급: 적음	⏳ 실험 시간: 15분
🎯 언제 먹으면 좋을까요?: 간식으로	👑 결과물: 팝콘 1~4인분 (배고픔에 따라)

팝콘은 놀라운 음식입니다. 옥수수 알갱이를 가열하면 마치 마술처럼 폭발합니다. 이 실험에서는 팝콘이 터지는 순간의 변화를 관찰합니다. 컵 바닥을 겨우 채울 정도의 옥수수 알갱이들이 과연 몇 컵의 팝콘이 될까요?

경고 가스레인지에서 요리할 때는 어른의 감독이 필요합니다.

실험순서

1 뚜껑 있는 작은 냄비에 기름 1큰술을 붓습니다.

2 **보호자** 어른이 보는 앞에서 냄비를 가스레인지에 올린 뒤, 중불에 30초간 가열하고 불을 낮춥니다.

3 냄비에 옥수수 알갱이 ¼컵을 넣고 뚜껑을 덮습니다.

4 냄비에서 나는 소리에 귀를 기울여 보세요. 처음에는 하나씩 터지다가 2~3

개씩, 그러다 셀 수 없을 정도로 많이 터질 거예요. 터지는 속도가 느려지기 시작하면 불을 끕니다.

5 터지는 소리가 멈추면 뚜껑을 닫은 상태로 냄비를 약 1분간 그대로 둡니다.

6 👷 **보호자** 어른이 보는 앞에서 오븐 장갑을 끼고 냄비의 뚜껑을 엽니다. 관찰한 내용을 기록하세요.

7 오븐 장갑을 낀 상태로 냄비의 팝콘을 4컵 분량의 계량컵에 부어 줍니다. 몇 컵 분량인지 결과를 기록합니다.

8 팝콘을 다시 그릇에 담습니다.

9 뜨거운 팝콘에 소금 한 꼬집과 체다치즈 ⅛컵 또는 녹인 버터 2작은술을 넣고, 스푼으로 잘 섞어서 맛있게 시식합니다.

☑ 왜 그럴까요?

옥수수 알갱이는 세 가지 주요 성분으로 이루어져 있습니다. 딱딱한 껍질, 물, 그리고 전분입니다. 옥수수 알갱이가 가열되면 물과 전분이 팽창하고, 그 압력으로 딱딱한 껍질에 균열이 생깁니다. 껍질 밖으로 탈출한 전분은 우리가 좋아하는 바삭한 팝콘으로 재탄생하지요. 겨우 ¼컵이던 옥수수 알갱이가 엄청난 양의 팝콘으로 폭발해 버린 것이지요!

✏️ 가설

¼컵의 옥수수 알갱이로 몇 컵의 팝콘을 만들 수 있을지 예측해 보세요.

🔍 관찰

팝콘이 터지던 순간을 설명해 보세요.

📋 결과

팝콘이 몇 컵 만들어졌나요? 처음 예측한 양과 비슷한가요?

STEAM 연결고리

- 식품과학자들은 전자레인지 팝콘 같은 제품을 개발할 때, 최대한 폭신하고 바삭한 식감을 내기 위해 셀 수 없이 많은 실험을 거칩니다.

➕ 좀 다르게 해볼까요?

다양한 맛의 팝콘을 만들어 보세요. 꿀과 계피를 더하거나, 마늘과 허브의 조합은 어떤가요?

팝콘에 풍미를 더하는 쉬운 방법도 있습니다. 버터 2큰술을 녹이고 향신료 ½~1작은술을 넣어 보세요. 단맛을 내려면 꿀이나 설탕 2큰술도 함께 섞어서, 갓 튀겨낸 팝콘 위에 부어 주세요.

43 놀라운 삼투현상: 고질라가 된 곰 젤리

 5학년 1학기 4단원 용해와 용액

 실험 키워드: 삼투현상, 저장성 용액, 농도

⭐ 난이도: 쉬움

👍 엉망진창 등급: 적음

😍 언제 먹으면 좋을까요?: 간식으로

🕐 준비 시간: 없음

⏳ 실험 시간: 약 5분,
이후 하룻밤 재우기

👑 결과물: 1인분의 곰 모양 젤리 간식

 필요한 도구

➡ 유리컵 4개
➡ 라벨이나 포스트잇 4장
➡ 스푼
➡ 자

❓ 생물이 매우 묽은 액체 속에 있을 때, 우리는 저장성 용액에 있다고 말합니다. 이 실험에서는 농도를 각각 다르게 한 설탕 용액에 곰 젤리를 담근 후 어떤 용액이 더 저장성 용액인지 알아봅니다. 농도가 서로 다른 설탕물에 빠진 곰 젤리들은 과연 어떻게 달라질까요?

 식재료

➡ 물 4컵
➡ 설탕 ⅛컵 + ½컵
➡ 주스 1컵
➡ 곰 모양 젤리 1봉지

 실험순서

1 유리컵 4개를 나란히 놓습니다.

2 각 컵에 다음과 같이 라벨(포스트잇)을 붙입니다.

　물, 옅은 설탕물, 진한 설탕물, 주스

3 세 컵에 각각 물 1컵씩을 붓습니다.

4 '옅은 설탕물' 컵에 설탕 ⅛컵을 넣고, 설탕이 녹을 때까지 저어 줍니다.

5 '진한 설탕물' 컵에 설탕 ½컵을 넣고, 설탕이 녹을 때까지 저어 줍니다.

6 '주스' 컵에 주스 1컵을 붓습니다.

가설

각 용액에 곰 젤리를 담갔을 때 일어날 변화를 예측해 보세요.

관찰

각 용액에 담가 뒀던 곰 젤리에 일어난 변화를 설명해 보세요.

결과

어떤 용액의 곰 젤리가 가장 커졌나요? 어느 용액이 더 저장성인가요? 왜 그럴까요?

7 각 컵에 곰 젤리 1개씩을 넣습니다. 물, 옅은 설탕물, 진한 설탕물, 주스 컵에 각각 곰 젤리가 1개씩 들어갔지요? 비교를 위해 곰 젤리 1개는 어디에도 담그지 않은 상태로 한쪽에 남겨 둡니다.

8 곰 젤리가 담긴 유리컵들을 냉장고에 하룻밤 넣어 둡니다.

9 다음 날 아침, 스푼으로 곰 젤리들을 컵에서 꺼냅니다. 곰 젤리의 길이를 각각 자로 잽니다. 관찰한 내용과 결과를 기록합니다.

10 이 곰 젤리들은 먹어도 괜찮습니다. 곰 젤리의 식감이 서로 다른가요?

☑ 왜 그럴까요?

실험에 사용한 4개의 용액들은 모두 곰 젤리보다 물이 많고 설탕은 적습니다. 곰 젤리를 넣으면 곰 젤리와 용액 사이에서 물과 설탕의 균형을 맞추기 위해, 용액의 물이 곰 젤리 안으로 이동합니다. 따라서 설탕이 전혀 없는 물이 가장 저장성이 큽니다. 이렇게 물이 농도의 균형을 맞추기 위해 생물 속으로 이동하거나 또는 밖으로 빠져나가는 것을 삼투현상이라고 합니다.

🧪 STEAM 연결고리

- 우리가 사는 세계를 더 많이 규명하기 위해, 생물학자들은 생명체가 가진 능력을 연구합니다. 삼투현상을 극복하며 저장성 용액에서 생존하는 생물의 능력도 그중 하나입니다.

➕ 좀 다르게 해볼까요?

설탕뿐만 아니라 소금으로도 저장성 용액을 만들 수 있습니다. 다른 종류의 저장성 용액으로, 말린 과일 같은 음식들을 테스트해 보세요.

44 또 놀라운 삼투현상: 쪼그라든 오이 피클

 5학년 1학기 4단원 용해와 용액

 실험 키워드: 삼투현상, 고장성 용액, 농도

 어린이 혼자 하면 위험해요.
어른과 함께 실험해 보아요!

★ 난이도: 보통

👍 엉망진창 등급: 적음

◎ 언제 먹으면 좋을까요?: 점심 또는 저녁 식사, 간식으로

⏱ 준비 시간: 오이를 썰고 시럽을 준비하는 10분

⌛ 실험 시간: 약 15분, 이후 하룻밤 재우기

👑 결과물: 피클 1리터

 ## 필요한 도구

➡ 칼(오이 써는 용)

➡ 뚜껑이 있는 1리터 유리병 (또는 내열 용기)

➡ 4컵 분량 내열 액체 계량컵

➡ 계량스푼

➡ 뚜껑이 있는 작은 냄비

➡ 가스레인지

➡ 긴 스푼

➡ 채반

 생명체가 매우 달거나 짠 액체 속에 있을 때, 우리는 고장성 용액에 있다고 말합니다. 살아 있는 생물은 고장성 용액에서 물을 빼앗겨 위험해질 수도 있습니다. 이 실습에서 우리는 이를 실험하기 위해 피클을 만듭니다. 피클은 달고 짠 고장성 용액에 오이를 담가서 만든 것입니다. 오이는 과연 어떻게 변할까요?

 ## 식재료

➡ 피클용 오이 4개(가시가 있는 미니 오이)

➡ 채 썬 양파 ½컵

➡ 다진 마늘 3쪽

➡ 식초 1컵

➡ 물 1컵

➡ 소금 3작은술

➡ 말린 딜 3작은술(피클 만들 때 넣는 허브의 일종)

➡ 설탕 1큰술(보통의 딜 피클용)~½컵(아주 달콤한 딜 피클용)

 경고 '보호자' 아이콘이 붙은 단계는 어른에게 부탁합니다(야채를 썰고 뜨거운 시럽을 다룹니다).

🧪 실험순서

● 야채 준비하기

1 👤 **보호자** 피클용 오이 4개를 길게 세로로 4쪽으로 가릅니다.

2 양파 ½컵은 가늘게 채 썰고, 마늘 3쪽은 칼을 옆으로 눕혀서 으깨 줍니다.

3 오이와 양파를 1리터 병에 넣습니다. 오이가 어떻게 보이나요? 관찰한 내용을 기록합니다.

● 피클용 시럽 만들기

1 계량컵으로 식초 1컵과 물 1컵을 재서 냄비에 붓습니다. 으깬 마늘 3쪽, 소금 3작은술, 말린 딜 3작은술과 설탕(앞에서 준비한 만큼)을 넣어서 피클용 시럽을 만듭니다.

2 👷 **보호자** 가스레인지를 중불에 놓고, 냄비의 넣은 시럽을 가열합니다.

3 긴 스푼으로 1분에 한 번씩 끓을 때까지 저어 줍니다. 시럽이 끓기 시작하면 바로 불을 꺼 주세요.

● 피클용 시럽에 야채 담그기

1 👷 **보호자** 뜨거운 시럽을 4컵 분량 액체 계량컵에 붓습니다.

2 시럽이 몇 컵 나왔나요? 뜨거운 시럽을 오이와 양파가 든 병에 붓습니다. 뚜껑을 닫아서 바로 냉장고에 보관합니다.

3 액체 계량컵에 남은 시럽의 양을 확인합니다.

4 2단계에서 측정한 총 컵의 개수에서 이 숫자를 빼서 피클에 부은 시럽의 컵 수를 수학적으로 계산합니다. 관찰한 내용을 기록합니다.

5 병을 냉장고에 하룻밤 넣어 둡니다.

6 다음 날, 액체 계량컵 위에 채반을 얹습니다.

7 냉장고에서 병을 꺼내 뚜껑을 열고, 채반 위에 부어 줍니다. 시럽은 액체 계량컵으로 떨어지고, 피클은 채반에 걸러집니다. 몇 컵의 시럽이 걸러졌나요? 피클의 모양은 어떤가요?

8 관찰한 내용과 결과를 기록합니다.

가설

하룻밤 시럽에 담가 둔 오이가 어떻게 변할지 예측해 보세요.

_____

_____

_____

_____

_____

관찰

밤새기 전(4단계)과 후(7단계)의 오이의 상태와, 시럽의 양을 관찰합니다.

_____

_____

_____

_____

결과

달고 짠 고장성 용액에 하룻밤 담가 뒀던 오이가 어떻게 변했나요?

_____

_____

_____

_____

_____

오이를 시럽에 하루 종일 담가 두면 오이에서 많은 양의 물이 빠져나갑니다. 오이에는 시럽보다 훨씬 많은 양의 물이 있기 때문입니다. 오이와 시럽 사이에서 농도의 균형을 유지하기 위해 오이에서 시럽으로 물이 이동했습니다. 이렇게 생물체에서 물이 이동하는 것을 삼투현상이라고 합니다.

🧪 STEAM 연결고리

- 생물학자들은 종종 수족관에서 생물을 키우는데, 이때 수족관의 물은 항상 저장성으로 유지해야 합니다. 그렇지 않으면, 연구하는 생명체가 물을 빼앗겨 생명이 위험할 수 있습니다.

➕ 좀 다르게 해볼까요?

피클링(음식을 절이는 것)은 야채를 상하지 않고 오래 보관하는 식품과학 기술입니다. 녹두나 비트 같은 채소들로도 만들어 보세요. 물이 가장 많이 빠져나가는 야채는 무엇일까요? 또한 가장 덜 빠져나가는 야채는 무엇일까요?

45 pH 지시약: 보랏빛 양배추

 실험 키워드: pH 지시약, 산성, 염기성

 어린이 혼자 하면 위험해요.
어른과 함께 실험해 보아요!

- ⭐ 난이도: 보통
- 👍 엉망진창 등급: 적음
- ⊚ 언제 먹으면 좋을까요?:
  점심 또는 저녁 식사로

- ⏱ 준비 시간: 없음
- ⌛ 실험 시간: 30분
- 👑 결과물: 보라색 양배추 물 2컵,
  pH 지시약 2컵

 ## 필요한 도구

- ➡ 뚜껑이 있는 2리터 냄비
- ➡ 계량컵
- ➡ 가스레인지
- ➡ 뚜껑이 있는 500ml 병
- ➡ 작은 유리병이나
  유리컵 여러 개
- ➡ 스푼 여러 개

 산은 물에 녹아 신맛이 나는 화학 물질이며, 너무 강하면 물질을 태울 수도 있습니다. 염기는 물에 녹아 미끌미끌하고 쓴맛이 나며, 강한 염기는 물질을 녹일 수도 있습니다. 과학자들은 어떤 물질이 산인지 염기인지 알고자 할 때, 산이나 염기에 반응하여 색이 달라지는 pH 지시약 기술을 사용합니다. 이 실험에서는 pH 지시약을 만들고, 이를 사용하여 음료가 산성인지 염기성인지 알아봅니다. 여러분의 주방에 어떤 산성 또는 염기성 물질이 더 있을까요?

 ## 식재료

- ➡ 적양배추 ¼통
- ➡ 물 4컵 + ¼컵
- ➡ 식초 ¼컵
- ➡ 베이킹소다 1큰술
- ➡ 우유, 사과주스, 레몬주스,
  소다수와 같은 각종
  음료수 각 ¼컵

  경고 가스레인지에서 요리할 때는 어른의 감독이 필요합니다.

가설

pH를 확인할 음료수의 목록을 적고, 각 음료수 옆에 산성 또는 염기성이라고 여러분이 예상하는 바를 적어 보세요. (예: 식초-산성)

_____

_____

_____

_____

관찰

pH 지시약을 처음 만들었을 때 어떤 색이었나요? 식초에 넣으면 어떤 색으로 변하나요? 베이킹소다수는 어떤가요?

_____

_____

_____

_____

실험순서

● 양배추 pH 지시약 만들기

1 적양배추 ¼과 물 4컵을 뚜껑 있는 2리터 냄비에 넣습니다.

2 **보호자** 냄비의 뚜껑을 덮고 가스레인지에 올린 후, 중불로 끓입니다. 5~10분 후 물이 양배추의 진한 보라색으로 변했는지 확인합니다.

3 불을 끄고 양배추 물을 10분간 식힙니다.

4 **보호자** 냄비의 양배추 물 2컵을 따라 500ml 병에 옮깁니다. 이것이 바로 pH 지시약입니다. 아직 냄비에 남아 있는 양배추 물 2컵은 따로 보관합니다.

● 식초, 베이킹소다, 음료수의 pH 확인하기

1 식초 ¼컵을 작은 병 하나에 붓습니다.

2 두 번째 작은 병에 물 ¼컵과 베이킹소다 1큰술을 넣고 저어 줍니다(베이킹소다수).

3 깨끗한 스푼으로 pH 지시약 1큰술을 떠서 식초 병에 붓고, 베이킹소다수에도 같은 양을 붓습니다. 관찰한 내용을 기록합니다.

4 준비한 음료수들을 작은 병에 각각 ¼컵씩 붓고, pH 지시약 1큰술씩을 부어 pH를 알아봅니다. 결과를 기록합니다.

1 pH 지시약병의 뚜껑을 닫아 냉장고에 보관합니다. 다음에 할 두 실험에서도 사용해야 하거든요.

2 따로 보관한 양배추 물은 그대로 마셔도 되지만, '좀 다르게 해볼까요?'에서 추천하는 보르쉬(비트로 만든 수프) 요리에 도전해볼 것을 추천합니다

☑ 왜 그럴까요?

양배추 물을 보라색으로 만드는 분자 플라빈은 pH 변화에 민감하게 반응합니다. 플라빈을 산성 용액에 넣으면 화학 변화를 일으켜 분홍색을 띠는 분자로 변합니다. 또한 염기성 용액에서는 파란색 또는 녹색을 띠는 또 다른 분자가 됩니다.

🧪 STEAM 연결고리

- 과학자들은 음식에 사용할 용액을 완벽한 레시피로 만들기 위해 몇 주씩 보내기도 합니다. 기업 실험실에서 주로 사용하는 용액에는 20가지 이상의 주요 성분이 들어 있습니다. 과학자들은 플라빈과 같은 pH 지시약을 사용하여 용액의 pH를 확인합니다.

➕ 좀 다르게 해볼까요?

보르쉬(borsch)는 비트, 양배추, 감자가 들어간 우크라이나의 전통 음식입니다. 보라색 양배추 물로 보르쉬 요리를 해 볼까요?

1 우선 큰 수프용 냄비를 준비하세요.

2 🧑‍🍳 **보호자** 냄비에 올리브유 2큰술을 부어 가스레인지에 올려 1분간 가열한 다음, 껍질을 벗겨서 얇게 썬 비트 2개와 다진 양파(작은 양파 1개), 얇게 썬 셀러리 1개를 넣어 줍니다.

3 비트가 익을 때까지 약 7분간 볶습니다.

4 닭고기 육수 2컵, 적양배추를 우린 물 2컵, 깍둑썰기한 감자 1개, 얇게 썬 당근 1개를 넣고 끓입니다.

5 수프가 끓는 동안 월계수 잎 1개, 식초 1큰술, 소금 ½작은술을 넣어 줍니다.

6 야채가 다 익도록 수프를 10분 정도 끓인 후, 익힌 양배추를 잘게 잘라서 끓는 수프에 넣습니다.

7 플레인 요거트 또는 사워크림과 함께 식탁에 올립니다.

46 pH의 세계: 레몬주스와 레모네이드

 5학년 2학기 5단원 산과 염기

 실험 키워드: pH, 산성, 염기성

- ⭐ 난이도: 쉬움
- 👍 엉망진창 등급: 적음
- 🍩 언제 먹으면 좋을까요?: 점심 또는 저녁 식사의 음료로
- ⏱ 준비 시간: 레몬주스 만들기 10분(큰 레몬 3개를 착즙기로 짜서, 레몬주스를 만듭니다)
- ⏳ 실험 시간: 30분
- 👑 결과물: 레모네이드 4컵

 ## 필요한 도구

- ➡ 작은 유리병 또는 유리컵 2개
- ➡ 4컵 분량 액체 계량컵
- ➡ 계량스푼
- ➡ 스푼
- ➡ 음료수 컵

❓ 바로 앞의 실험에서 우리는 적양배추를 끓인 물로 pH 지시약을 만들었습니다. 이 실험에서는 이 지시약으로 레몬주스와 레모네이드의 pH를 비교합니다. pH는 1~14 사이의 숫자로 표시할 수 있습니다. 숫자가 낮을수록 용액은 강한 산성을 나타냅니다. 양배추 물로 pH를 확인할 때는 색상으로 pH 값을 가늠할 수 있습니다.

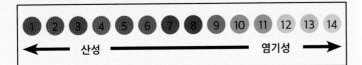

레몬주스에 물과 설탕을 섞어 만든 레모네이드의 pH는 어떻게 달라질까요?

 ## 식재료

- ➡ 큰 레몬 3개를 짠 레몬주스
- ➡ 물 3컵
- ➡ 설탕 ½컵
- ➡ 양배추 물 2큰술 ('45. pH 지시약: 보랏빛 양배추' 실험 참고)

 ## 가설

레모네이드를 만들기 위해 레몬주스에 물을 타면 pH가 얼마나 달라질지 예측해 보세요.

 ## 실험순서

● 레몬주스 pH 확인하기

1. 레몬주스 ⅛컵을 작은 유리병에 붓고, pH 지시약 1큰술을 붓습니다. 관찰한 내용을 기록합니다.

🔍 관찰

레몬주스의 pH 지시약이 어떤 색으로 바뀌었나요? 레모네이드는 어떤가요? 앞에 나온 색상표를 참고하여 두 액체의 pH 값을 찾아서 기록합니다. (예: 레몬주스, 보라색, 6)

―――――――――――

―――――――――――

―――――――――――

―――――――――――

📋 결과

레모네이드의 pH 값에서 레몬주스의 pH 값을 빼서 pH의 변화를 계산해 보세요.

―――――――――――

―――――――――――

―――――――――――

―――――――――――

● 레모네이드 pH 확인하기

1 4컵 분량 액체 계량컵에 물 3컵을 붓습니다. 레몬주스를 ½컵 더해 주고, 설탕 ½컵을 첨가하여 레모네이드를 만듭니다. 스푼으로 잘 저어 줍니다.

2 1단계에서 만든 레모네이드 ⅛컵을 또 다른 유리병에 붓고 pH 지시약 1큰술을 붓습니다. 관찰한 내용을 기록합니다.

4 남은 레모네이드는 취향에 따라 얼음을 넣어 맛있게 즐깁니다!

☑ 왜 그럴까요?

용액의 pH를 크게 변화시키려면 화학 변화가 필요합니다. 레몬주스에 물을 타면 산이 희석되기는 하지만 화학 변화가 일어나지 않습니다. 따라서 레모네이드를 만들어도 레몬주스의 pH와 크게 다르지 않답니다.

🧪 STEAM 연결고리

■ 과학자들은 용액을 희석해야 할 때 물을 첨가합니다. 생물학자들은 미생물을 배양할 때, 그 개체 수를 일부러 줄이기 위해 배양액을 수차례 희석합니다. 또한 화학자들은 실험에 적합한 분자 농도를 얻기 위해 용액을 희석하여 사용합니다.

➕ 좀 다르게 해볼까요?

산의 pH를 1만큼 높이기 위해서는 10배의 물이 필요하다는 것을 알고 있나요? 그렇다면 pH를 2만큼 올리기 위해서 레몬주스에 얼마나 많은 물을 넣어 희석해야 할지 추정하고, 직접 실험을 계획해서 확인할 수 있을까요?

47 오븐 속의 화산: 푹신한 컵케이크

실험 키워드: pH 지시약, 산성, 염기성, 모델링

어린이 혼자 하면 위험해요.
어른과 함께 실험해 보아요!

필요한 도구

- ⭐ 난이도: 어려움
- 👍 엉망진창 등급: 적음
- ⏲ 언제 먹으면 좋을까요?: 간식으로
- 🕐 준비 시간: 2시간 전에 실온에 버터 꺼내두기
- ⌛ 실험 시간: 반죽 30분, 굽기 15분, 식히기 5분
- 👑 결과물: 컵케이크 24개

- ➡ 오븐
- ➡ 오븐 장갑
- ➡ 머핀틀 2개
- ➡ 종이 또는 실리콘 머핀 컵 24장
- ➡ 큰 그릇 2개
- ➡ 계량컵과 계량스푼
- ➡ 반죽 기능이 있는 스탠드 믹서
- ➡ 큰 스푼
- ➡ 작은 유리병 또는 유리컵 3개
- ➡ 스푼 2개

여러분은 화산이 분출하는 것을 본 적이 있나요? 잘 알려진 화산 실험으로, 식초(산)와 베이킹소다(염기)를 혼합하여 화산 분출을 모델링하는 방법이 있습니다.

이번 실험에서는 양배추 지시약으로 식초의 pH와 컵케이크 반죽의 pH를 비교합니다. 이전 실험에서 공부했듯이, pH는 1에서 14 사이의 숫자로 표시하며, 산성이 강할수록 숫자가 낮게 표시됩니다. 181페이지에서 본 색상표는 각 pH 값에 해당되는 색상을 보여줍니다.

컵케이크를 만들 때, 베이킹소다에 식초를 첨가하거나 반죽에 다른 재료들을 넣으면 pH 값이 어떻게 변할까요?

(경고) 스탠드믹서와 오븐을 사용할 때는 어른의 감독이 필요합니다.

식재료

- 실온에 둔 무염버터 ¾컵
- 설탕 ¼컵
- 달걀 1개
- 박력밀가루 2½컵
- 베이킹소다 1¼작은술
- 시나몬 1¼작은술
- 소금 ½작은술
- 코코아가루 ½컵
- 물 1½컵
- 바닐라 1작은술
- 식초 3큰술
- 양배추 물 3큰술('45. pH 지시약: 보랏빛 양배추' 실험 참고)

실험순서

● 컵케이크 반죽하기

1 오븐을 180°C로 예열합니다. 머핀틀 2개에 종이(또는 실리콘) 머핀컵을 모두(24컵) 깔아 놓습니다.

2 큰 그릇 하나에 버터 ¾컵, 설탕 ¼컵, 달걀 1개를 넣어 줍니다.
   보호자 패들을 부착한 스탠드믹서나 스푼으로 잘 저어 줍니다.

3 다른 큰 그릇에 밀가루 2½컵, 베이킹소다 ¼작은술, 시나몬 1¼작은술, 소금 ½작은술, 코코아가루 ½컵을 넣어 줍니다. 깨끗하고 잘 마른 스푼으로 저어 줍니다. 내용물이 전체적으로 밝은 갈색을 띠고 있나요?

4 버터, 설탕, 달걀에 가루 재료들(2단계에 섞은 것)을 3단계의 큰 그릇에 넣어 하나로 합쳐 반죽합니다.
   보호자 패들을 부착한 스탠드 믹서나 스푼으로 잘 저어 줍니다.

5 반죽에 물 1½컵과 바닐라 1작은술을 넣습니다.
   보호자 패들을 부착한 스탠드믹서나 스푼으로 잘 저어 줍니다.

● 식초의 pH 확인하기

1 작은 유리병에 식초 1큰술을 붓습니다. 보라색 양배추 지시약 1큰술을 부어, 첫 번째 pH를 확인합니다. 관찰한 내용을 기록합니다.

● 컵케이크 반죽의 pH 확인하기

1 스푼으로 컵케이크 반죽 1큰술을 떠서 작은 유리병에 넣습니다. 보라색 양배추 지시약 1큰술을 붓고 스푼으로 부드럽게 저어 줍니다.

2 부풀어 오른 반죽이 가라앉으면, 양배추 지시약으로 두 번째 pH를 확인하고, 관찰한 내용을 기록합니다.

● 식초를 넣은 컵케이크 반죽의 pH 확인하기

1 컵케이크 반죽 그릇에 식초 2큰술을 추가합니다.
   보호자 패들을 부착한 스탠드믹서나 스푼으로 잘 저어 줍니다.

2 스푼으로 식초가 든 컵케이크 반죽 1큰술을 떠서 작은 유리병에 넣습니다. 양배추 지시약 1큰술을 붓고 스푼으로 부드럽게 저어 줍니다.

3 부풀어 오른 반죽이 가라앉으면 세 번째 pH를 확인하고, 관찰한 내용을 기록합니다.

● 컵케이크 굽기

1 컵케이크 반죽을 2개의 머핀틀 속 머핀 컵(모두 24개) 안에 각각 ⅔~¾ 높이가 되도록 고르게 채워줍니다. (처음에 만든 컵케이크 반죽이나 식초를 넣은 컵케이크 반죽이나 상관 없으나, 푹신한 컵케이크를 먹고 싶다면 식초를 넣은 반죽을 사용하세요. 그 이유는 '왜 그럴까요?'에서 설명합니다!)

2 🧑 **보호자** 180℃로 예열된 오븐에 머핀틀을 넣고, 15분 구워줍니다. 컵케이크에 이쑤시개를 꽂아서 반죽이 더 이상 묻어 나오지 않으면 완성입니다.

3 컵케이크를 굽는 동안 결과를 기록합니다. 플레인 컵케이크는 훌륭한 디저트입니다. 여기에, 4단원의 '33. 무지개 속으로: 알록달록 프로스팅 케이크' 실험의 프로스팅으로 장식하면 더 멋지겠지요.

☑ 왜 그럴까요?

이 화학 반응에서는 식초와 베이킹소다가 결합하여 새로운 화학 물질을 만들었습니다. 또한 화학 변화의 결과로 산이 용액에서 사라지고, 거품이 만들어졌습니다. 컵케이크의 푹신한 식감은 바로 이 거품 때문입니다.

🧪 STEAM 연결고리

■ 화학자들은 산성 또는 염기성을 낮춰야 할 때 pH를 변화시키는 화학 물질을 추가합니다. 이 방법은, 산성과 염기성 상태를 그대로 두면 환경에 해가 되는 화학 물질을 처리해야 할 때 특히 유용합니다. 대기 중에 있던 산성 물질이 산성비를 발생시키면 생명체에 해로울 수 있으니까요.

가설

식초를 컵케이크 반죽에 섞었을 때, 처음의 (식초가 들어가지 않은) 컵케이크 반죽과는 pH가 얼마나 달라질지 예측해 보세요. 예를 들어 pH가 4에서 6으로 되는 것은 pH가 2만큼 변화한 겁니다.

🔍 관찰

식초에서 pH 지시약은 어떤 색으로 바뀌었나요?
처음의 컵케이크 반죽과, 식초를 넣은 컵케이크 반죽의 지시약 색깔은 어떻게 다른가요?
181페이지의 색상표를 보고 각각의 pH 값을 찾아 적어 둡니다. (예: 식초, 보라색, 6)

결과

식초를 넣은 컵케이크 반죽의 pH 값에서 처음의 컵케이크 반죽의 pH 값을 빼서 pH의 변화를 계산합니다.

좀 다르게 해볼까요?

식초와 베이킹소다 사이의 반응을 실험해 보세요.

두 화학 물질을 계량컵으로 측정하여 음료수가 든 컵에 섞어 보세요. 실험을 하다 보면 유리컵에서 찰랑찰랑 넘칠 정도가 되는 적정 비율을 알 수 있게 될 거예요.

화학 반응을 일으키기 전에, 식초가 든 컵에 먼저 붉은 식용색소를 넣고 마지막에 베이킹소다를 첨가하면, 붉은 용암이 분출하는 고전적인 화산 모델이 탄생합니다!

48 얼음보다 차갑게: 굴려서 만드는 아이스크림

4학년 2학기 2단원 물의 상태 변화
5학년 1학기 2단원 온도와 열

실험 키워드: 어는점, 흡열반응

 필요한 도구

- 2컵 분량 액체 계량컵
- 계량컵과 계량스푼
- 2컵 분량의 뚜껑 있는 병
- 대용량 알루미늄 캔
  (병과 함께 얼음을 채워
  넣을만한 크기여야 합니다)
- 강력 접착테이프(덕트 테이프)
  약 1미터
- 온도계

 어린이 혼자 하면 위험해요.
어른과 함께 실험해 보아요!

- ★ 난이도: 어려움
- 👍 엉망진창 등급: 보통
- 🍩 언제 먹으면 좋을까요?:
  간식으로
- 🕐 준비 시간: 없음
- ⏳ 실험 시간: 30분
- 👑 결과물:
  소프트 바닐라 아이스크림 4인분

 식재료

- 우유 1컵
- 생크림 ¾컵
- 설탕 ⅓컵
- 바닐라시럽 ½작은술
- 얼음 조각들
  (아이스 트레이 3~6개 분량)
- 소금 1컵

 여러분은 혹시 추운 겨울날, 얼어붙은 길에 어른들이 염화칼슘을 뿌리는 걸 본 적이 있나요? 바로 눈이나 얼음을 녹이기 위해서랍니다.

이 실험에서는 염화칼슘 대신에 소금으로 얼음이 어는 온도(어는점)에 영향을 미치는 소금에 대해서 탐구하고, 그 원리를 이용해 소프트아이스크림을 만들어 봅니다. 일반적인 얼음의 온도는 0℃입니다. 과연 얼음이 어는 온도를 소금이 변화시킬 수 있을까요?

가설

소금을 넣은 얼음의 온도를 예측해 보세요.

―――――――――――――
―――――――――――――
―――――――――――――
―――――――――――――

관찰

캔을 굴리기 전과 후의 얼음 온도를 기록하세요.

―――――――――――――
―――――――――――――
―――――――――――――

결과

얼음의 온도에 변화가 있나요? 처음의 온도에서 나중에 잰 온도를 뺍니다. 소금이 얼음의 온도를 얼마나 낮추었나요?

―――――――――――――
―――――――――――――
―――――――――――――
―――――――――――――

경고 뚜껑이 안전하게 밀폐되는지 어른이 확인해 주세요. 강력 접착 테이프로 작업할 때도 어른의 감독이 필요합니다.

실험순서

● 아이스크림 용액 만들기

1 우유 1컵을 2컵 분량 액체 계량컵에 따라 줍니다.

2 그 위에 생크림을 부어서 2컵 분량 액체 계량컵이 1¾컵까지 차게 합니다. 생크림을 얼마나 넣어야 할까요?

3 2컵 분량의 뚜껑 있는 병에 설탕 ⅓컵을 붓습니다.

4 2단계에서 만든 우유와 생크림 혼합물을 3단계의 설탕을 넣은 병에 한가득 붓습니다.

5 바닐라시럽 ½작은술을 병에 넣어 줍니다. 이렇게 아이스크림 용액을 만들었습니다.

6 **보호자** 병의 뚜껑을 단단히 잠궈 주세요.

7 병을 흔들어 재료를 섞어 줍니다.

● 아이스크림 냉각하기

1 이제 아이스크림 용액이 든 병을 1.5리터 알루미늄 캔 안에 넣습니다.

2 아이스크림 용액을 냉각시키기 위해, 알루미늄 캔 안에 얼음을 가득 채웁니다.

3 얼음 위에 소금 1컵을 추가합니다.

4 **보호자** 알루미늄 캔 뚜껑을 단단히 잠궈 주세요. 강력 접착테이프를 사용해도 좋습니다.

5 캔을 15분 정도 앞뒤로 부드럽게 굴려 줍니다. 주방의 조리대나 바닥 또는 마당에서, 손이나 발을 사용해도 좋습니다. 단, 절대 캔이 열려서는 안 됩니다.

6 알루미늄 캔을 열어서, 온도계로 캔 안의 소금이 추가된 얼음의 온도를 측정하고 관찰한 내용을 기록합니다.

1 일반적으로 얼음의 온도는 0℃입니다. 그렇다면, 소금이 추가된 얼음의 온도를 재서 소금이 얼음의 온도를 얼마나 떨어트렸는지 수학적으로 계산할 수 있겠죠? 결과를 기록합니다.

2 아이스크림을 맛있게 즐깁니다!

> ☑ **왜 그럴까요?**
>
> 얼음은 녹으면서 열을 흡수합니다. 물은 얼음이 녹을 때 에너지를 빼앗기기 때문에 온도가 떨어지게 됩니다. 얼음물에 소금을 넣으면 소금 분자의 방해로 물은 다시 얼지 못하지만, 얼음이 녹을수록 물은 점점 더 (최저 영하 21℃) 차가워집니다.

🧪 STEAM 연결고리

- 동결과 해동이라는 물리적 변화는 대기와 날씨를 연구하는 지구과학자들에게 매우 중요합니다.

➕ 좀 다르게 해볼까요?

소금, 설탕과 같은 재료를 추가하면 물이 얼거나 녹는 온도를 변화시킬 수 있습니다. 아이스크림의 식감이 어떻게 느껴졌나요? 더 단단하게 얼어야 할까요? 아이스크림 용액에 넣었을 때 어는 온도(어는점)를 더 올려, 더 딱딱한 아이스크림을 만들 수 있는 맛있는 재료가 무엇이 있을까요? 온라인에서 검색해 보세요. 또는, 알루미늄 캔에 얼음을 더 넣으면 아이스크림이 더 차가워지는지도 실험해 보세요.

49 전분의 과학: 마시멜로 슬라임

 어린이 혼자 하면 위험해요.
어른과 함께 실험해 보아요!

 필요한 도구

- ➔ 그릇
- ➔ 계량컵과 계량스푼
- ➔ 스푼
- ➔ 뚜껑이 있는 플라스틱 용기

- ⭐ 난이도: 보통
- 👍 엉망진창 등급: 보통
- ⏱ 언제 먹으면 좋을까요?: 간식으로
- 🕐 준비 시간: 마시멜로 플러프
  준비하는 5분

- ⏳ 실험 시간: 30분
- 👑 결과물: 마시멜로 슬라임 1½컵

 식재료

- ➔ 마시멜로 플러프(마시멜로 크림, 잼, 스프레드) 1컵
- ➔ 바닐라 ½작은술
- ➔ 슈가파우더 ¼컵
- ➔ 옥수수 전분 1컵
- ➔ 일반 혹은 젤 타입 식용색소 (선택사항)

 우리가 요리하는 음식은 식재료에 따라 다른 식감을 냅니다. 또한 각 재료의 상대적인 비율이나 양이 큰 차이를 만들기도 합니다. 예를 들어, 케이크의 밀가루 대 달걀 비율은 1 : 1 (밀가루 1컵에 달걀 1컵)이지만, 팬케이크는 2 : 1 (밀가루 2컵에 달걀 1컵)입니다. 이 실험에서는, 마시멜로 플러프와 옥수수 전분의 비율을 다르게 하면서, 어떤 비율이 완벽한 질감의 슬라임을 만들어 낼지 알아봅니다. 과연 마시멜로 플러프와 옥수수 전분의 맛있는 비율은 얼마일까요?

 경고 익히지 않은 옥수수 전분을 많이 먹으면 배탈이 날 수 있습니다. 이 슬라임은 먹어도 안전하지만 한꺼번에 다 먹지 않도록 하세요.

가설

잘 늘어나면서도 끈적거리지 않는 슬라임을 만들려면, 마시멜로 플러프와 옥수수 전분의 비율을 어떻게 해야 할지 예측해 보세요. (예: 마시멜로 플러프 3 : 옥수수 전분 1)

실험순서

● 슬라임 반죽하기

1 마시멜로 플러프 1컵, 바닐라 ½작은술, 슈가파우더 ¼컵, 옥수수 전분 ¼컵을 그릇에 넣습니다. 마시멜로 플러프와 옥수수 전분의 비율은 4 : 1입니다.

2 재료들을 스푼으로 젓고, 관찰한 내용을 기록합니다.

3 옥수수 전분 ¼컵을 더 넣고, 스푼으로 섞어 줍니다. 지금까지 넣은 옥수수 전분은 모두 ½컵이 되었습니다. 마시멜로 플로프와 옥수수 전분의 비율은 얼마인가요? 관찰한 내용을 기록합니다.

4 옥수수 전분 ¼컵을 더 추가하고, 스푼으로 섞어 줍니다. 이제 혼합물의 비율은 얼마일까요? 관찰한 내용을 기록합니다.

5 이렇게 만들어진 슬라임을 깨끗한 손으로, 몇 분 동안 공처럼 뭉치며 놀아 보세요.

6 슬라임의 질감이 마음에 든다면, 바로 결과를 기록합니다. 슬라임이 너무 끈적거린다면, 옥수수 전분 ¼컵을 더 추가하고 섞어 줍니다. 이제 비율이 얼마가 되었나요? 관찰한 내용과 결과를 기록합니다.

관찰

실험의 각 단계별로 슬라임의 질감을 설명해 보세요.

● 슬라임 염색하기

1 식용색소 3~5방울을 슬라임에 넣어서 컬러 슬라임을 만들어도 좋습니다.

2 플라스틱 저장 용기에 슬라임을 넣고 옥수수 전분을 뿌려준 후, 뚜껑을 닫고 보관합니다.

☑ 왜 그럴까요?

옥수수 전분은 액체를 가두어 용액을 덜 끈적하게 만드는 농축제입니다. 마시멜로 플러프에 옥수수 전분을 첨가하면 수분을 가두어 끈적이지 않게 만듭니다. 마시멜로 플러프와 옥수수 전분의 비율은 보통 1 : 1이지만, 여러분이 슬라임을 만지면 슬라임의 온도가 상승하여 옥수수 전분이 가루가 되어 떨어져 나가서, 못 쓰게 될 수 있습니다. 따라서 여러분이 슬라임을 가지고 놀 때마다 옥수수 전분이 더 필요하겠죠?

☢ STEAM 연결고리

- 식품과학자들은 적절한 조리법을 찾아내기 위해 정확한 비율로 작업합니다. 식품연구실의 과학자들은 최적의 방법을 찾을 때까지, 같은 요리법에서 비율만 조금씩 달리 해서 반복적으로 실험합니다.

➕ 좀 다르게 해볼까요?

마시멜로 플러프가 아닌, 마시멜로를 사용해도 마시멜로 슬라임을 만들 수 있습니다. 마시멜로 플러프 1컵 대신 미니 마시멜로 1컵을 준비합니다. 어른에게 부탁하여 미니 마시멜로를 전자레인지에서 약 20초간 가열하여 부드럽게 만든 후, 실험과 같은 조리법을 사용합니다.

마시멜로 슬라임에 원하는 첨가물을 넣어 보세요. 초콜릿 칩을 추가하면 어떻게 될까요?

📋 결과

여러분이 가장 마음에 드는 마시멜로 플러프와 옥수수 전분의 비율은 얼마인가요?

_____

_____

_____

_____

_____

50 기체의 팽창: 대왕 팬케이크

5학년 1학기 2단원 온도와 열
6학년 1학기 3단원 여러 가지 기체

실험 키워드: 기화, 기체의 부피

 필요한 도구

- 10~15cm 오븐용 프라이팬
- 오븐
- 2컵 분량의 액체 계량컵
- 계량컵
- 포크
- 오븐 장갑
- 자

 식재료

- 버터 2큰술
- 우유 ½컵
- 달걀 3개
- 밀가루 ½컵
  (중력분이나 강력분)
- 메이플 시럽
  (선택사항, 곁들여 먹을 것이라면 준비해주세요)

 어린이 혼자 하면 위험해요.
어른과 함께 실험해 보아요!

- ⭐ 난이도: 어려움
- 👍 엉망진창 등급: 적음
- 🍩 언제 먹으면 좋을까요?: 아침 식사로
- 🕐 준비 시간: 없음
- ⏳ 실험 시간: 45분
- 👑 결과물: 대왕 팬케이크 1개

❓ 기체에 열을 가하면 팽창하여 부피가 늘어납니다. 제빵 전문가는 이 물리학의 원리를 사용하여 오븐에서 재료를 부풀립니다. 이 실험에서는 달걀, 밀가루, 우유를 가지고 푹신한 팬케이크를 만듭니다. 팬케이크를 구울 때 부풀어 오르는 이유는 무엇일까요?

❗ 경고 어른이 오븐 장갑을 사용하여 오븐과 뜨거운 프라이팬을 다루어야 합니다.

  실험순서

1 오븐용 프라이팬에 버터 2큰술을 넣어 줍니다.

2 프라이팬을 아직 예열하지 않은, 차가운 오븐에 넣습니다.

3 오븐을 220℃로 예열합니다.

4 우유 ½컵을 2컵 분량의 액체 계량컵에 붓습니다.

5 우유를 부은 액체 계량컵에 달걀 3개를 넣고 포크로 저어 줍니다.

6 밀가루 ½컵을, 5단계의 달걀과 우유 혼합물에 넣고 포크로 저어 반죽을 만들어 줍니다.

7 🧑 **보호자** 오븐 장갑을 끼고 뜨겁게 달궈진 프라이팬을 꺼낸 후, 반죽을 뜨거운 프라이팬에 붓습니다. 자로 반죽의 높이를 잽니다. 이때 뜨거운 프라이팬을 만지지 않도록 하고, 관찰한 내용을 기록합니다.

8 반죽이 든 프라이팬을 오븐에 다시 넣고 220℃에서 25분 구워 줍니다. 팬케이크가 부풀어 오르고 황금빛 갈색으로 변하나요?

9 🧑 **보호자** 오븐 장갑을 끼고 오븐에서 팬케이크를 꺼냅니다.

10 팬케이크가 다시 가라앉기 전에 자로 높이를 측정합니다.

11 관찰한 내용과 결과를 기록합니다.

5단원 수학　**195**

✏️ **가설**

팬케이크가 오븐에서 몇 배나 부풀어 오를지 예측해 보세요. 예를 들어, 팬케이크가 2.5cm에서 7.5cm로 부풀어 오르면 높이가 3배 부푼 것입니다.

‾‾‾‾‾‾‾‾‾‾‾‾‾‾‾‾‾‾‾

‾‾‾‾‾‾‾‾‾‾‾‾‾‾‾‾‾‾‾

‾‾‾‾‾‾‾‾‾‾‾‾‾‾‾‾‾‾‾

‾‾‾‾‾‾‾‾‾‾‾‾‾‾‾‾‾‾‾

‾‾‾‾‾‾‾‾‾‾‾‾‾‾‾‾‾‾‾

🔍 **관찰**

굽기 전후에 팬케이크의 높이를 기록하세요.

‾‾‾‾‾‾‾‾‾‾‾‾‾‾‾‾‾‾‾

‾‾‾‾‾‾‾‾‾‾‾‾‾‾‾‾‾‾‾

‾‾‾‾‾‾‾‾‾‾‾‾‾‾‾‾‾‾‾

‾‾‾‾‾‾‾‾‾‾‾‾‾‾‾‾‾‾‾

📋 결과

구워진 팬케이크의 높이를 반죽의 높이로 나누면, 반죽과 구운 팬케이크의 높이가 몇 배가 다른지 알 수 있습니다. 몇 배가 커졌나요?

_____

_____

_____

_____

_____

☑ 왜 그럴까요?

팬케이크를 구우면, 우유와 달걀에 있는 물 분자가 액체에서 기체로 변합니다. 기체의 부피는 팬케이크가 뜨거워질수록 점점 더 팽창합니다. 하지만 기체는 밀가루 분자 안에 갇혀 있기 때문에 팬케이크는 점점 팽창하는 기체로 인해 계속해서 부풀어 오릅니다. 보통 3~4배 정도까지 부풀어 오른답니다.

🧪 STEAM 연결고리

■ 식품과학자들은 이렇게 열에 의해 팽창하는 기체의 원리를 이용하여 팬케이크나 머핀, 수플레, 머랭을 만듭니다. 특히, 열기구나 스쿠버 장비 또는 압축 공기탱크를 다루는 공학자는 기체가 가열됐을 때 얼마나 팽창하는지 알아야 합니다.

➕ 좀 다르게 해볼까요?

이 요리법의 응용 가능성은 놀라울 정도랍니다! 반죽에 다진 시금치 ½컵을 더한 다음, 굽기 5분 전에 체다치즈 가루 ½컵을 뿌려 구우면, 시금치 팬케이크가 완성됩니다. 또는 간 사과 ½컵과 설탕 ⅛컵, 시나몬 ½작은술을 섞어 줍니다. 그러면 맛있는 사과 팬케이크를 먹을 수 있습니다. 이외에도, 여러분이 특별히 좋아하는 재료가 있다면 넣어 보세요!

알아두면 쓸모 있는 상식: **영양학**

건강한 음식을 먹으면 기분이 좋아집니다. 건강한 음식을 먹기 위해선, 어떤 음식이 건강에 좋은지부터 알아야겠죠. 영양학은 어떤 음식이 건강에 이로운지, 건강을 위해 어떤 음식을 피해야 하는지에 대해 연구하는 학문입니다. 1700년대, 영양학자들은 사람들이 질병에 걸리지 않기 위해서, 어떤 비타민과 미네랄을 섭취해야 하는지 밝혀냈습니다. 일례로, 과일과 야채를 오랫동안 먹지 못한 선원들에게 생기는 괴혈병은 비타민 C를 섭취하여 예방하고 치료할 수 있습니다.

그러나 현대인들은 다양한 음식을 먹으면서 영양소를 다채롭게 섭취할 뿐 아니라, 중요한 비타민이나 미네랄도 빠뜨리지 않고 먹습니다. 과거와는 다르게 이제는, 오히려 음식을 너무 많이 먹어서 건강을 해치게 되는 것을 걱정해야 하는 것이지요. 영양학자들은 건강한 식습관을 위해 권장할 수 있는 균형 잡힌 식단을 찾으려고 부단히 노력합니다. 다음은 사람들에게 권장하는 식단의 몇 가지 일반적인 원칙입니다.

1. 과일과 야채는 몸에 좋습니다.
2. 가공된 곡물보다 통곡물이 건강에 이롭습니다. 예를 들어 통밀빵은 흰빵보다, 현미밥은 흰쌀밥보다 건강에 좋습니다.
3. 생선과 견과류, 완두콩과 콩, 그리고 저지방 우유, 치즈, 요구르트 같이 지방이 없는 단백질은 몸에 좋습니다.
4. 짠 음식, 단 음식, 고지방 음식, 음료수는 가급적 줄이는 것이 좋습니다.
5. 자연식품은 가공식품보다 건강에 이롭습니다. 아몬드 맛 크래커보다는 아몬드를 먹는 것이 좋습니다.

최고의 식단은 사람마다 조금씩 다를 수 있습니다. 단, 신선한 과일이나 야채는 절대로 건강을 해치지 않는다는 사실은 기억하길 바랍니다!

마무리하며

여러분은 주방에서 요리 실험을 하면서 스팀 ^{STEAM} 의 모든 요소를 활용했습니다. 과학 ^{Science} 적인 질문을 던지고, 멋진 기술 ^{Technology} 을 만들어내고, 공학 ^{Engineering} 적인 해결책을 설계하고, 예술 ^{Arts} 적인 창의성을 발휘하고, 재미난 수학 ^{Mathematics} 문제들을 해결했습니다. 마치 전문 과학 실험실처럼, 여러분의 주방에서 과학의 다양한 영역을 경험한 겁니다. 여러분은 음식의 과학을 탐험한 동시에, 과학을 탐구하기 위해 음식을 이용했습니다.

여러분이 요리에 숨겨진 과학을 이해하면, 더 건강하고 맛있는 음식을 요리할 수 있게 됩니다. 이제 여러분은 채소를 데치고 찬물로 헹구는 법을 알았으니 앞으로 흐물흐물한 당근을 먹을 일은 없을 테지요. 또한, 이제 만능 샐러드 드레싱을 만들 수 있으니 아삭한 양상추를 즐길 수도 있습니다. 나아가, 여러분이 싫어하던 음식의 숨겨진 맛을 살려내어 가장 좋아하는 음식으로 변신시킬 수 있기를 바랍니다.

요리를 하면서 갑자기 떠오르는 의문들을 끊임없이 조사해 보길 바랍니다. 이상하거나 흥미로운 현상을 발견할 때, 그에 대한 질문을 기록하세요. 많은 식품과학 책과 웹사이트가 질문을 해결하는 데 도움을 줄 것이며, 여러분이 그 이상을 알고자 할 때는 얼마든지 스스로 실험을 설계할 수도 있습니다. 세상에는 놀라운 요리법이 널려 있고, 여러분이 요리해 주기만을 기다리고 있답니다!

찾아보기 ◇
과학 용어 사전

감사의 글

이렇게 멋진 책을 나에게 맡겨준 편집부 오를리 주라비키 Orli Zuravicky , 캘리스토프 Callisto 에게

무한한 고마움을 전합니다. 이 책을 쓰는 동안 여러분의 창의력과 전문성을 제게 베푼 것에 감사드립니다.

실험한 요리들을 시식해준 사랑하는 제 아이들과, 50개의 주방 실험이 끝날 때마다 설거지를 도맡아서 한 너그러운 남편에게 고맙습니다. 제가 주방에서 즐거움을 찾도록 가르쳐주신 강인한 우리 여성 가족들에게도 고맙습니다. 우선 할머니는 94년간의 아름다운 세월 동안, 미국 요리의 백과사전이라 불릴만한 지식으로 우리 가족들을 행복하게 만들어 주셨습니다. 또한 친인척 전체의 모임 때마다, 다음 날 아침 식사로 어김없이 파이를 만들어 내는 베이킹에 대단한 열정을 지닌 친척 크루노씨와 엄청나게 실험적이고 거부할 수 없는 건강한 음식으로 저를 키워주신 어머니께 감사드립니다.

메건 올리비아 홀